Le guide de
L'HOMME
STYLÉ...
même mal rasé

Geoffrey Bruyère X Benoît Wojtenka

成熟風格的基礎

法國男子穿搭、挑衣、品味養成指南

國家圖書館出版品預行編目資料

成熟風格的基礎：法國男子穿搭、挑衣、品味養成指南 / 傑奧非‧布魯耶爾、貝諾瓦‧沃基坦卡著；徐麗松譯. -- 初版. -- 新北市：大家
出版：遠足文化發行, 2015.10,　　面；　　公分. -- (Better；34)
譯自：Le guide de l'homme stylé…même mal rasé
ISBN 978-986-92039-0-6(平裝)

1.男裝 2.衣飾 3.時尚

423.21　　　　　　　　　　　　　　　　　　　　　　　　　　　　　　　　　104012173

Better 34
成熟風格的基礎：法國男子穿搭、挑衣、品味養成指南　　　　Le guide de l'homme stylé ... même mal rasé

作者　傑奧非‧布魯耶爾（Geoffrey Bruyère）、貝諾瓦‧沃基坦卡（Benoit Wojtenka）｜譯者　徐麗松｜美術設計　林宜賢
｜行銷企畫　陳詩韻｜總編輯　賴淑玲｜社長　郭重興｜發行人暨出版總監　曾大福｜出版者　大家出版｜發行　遠
足文化事業股份有限公司　231 新北市新店區民權路 108-2 號 9 樓　電話‧（02）2218-1417　傳真‧（02）8667-1065｜
劃撥帳號　19504465　戶名　遠足文化事業有限公司｜法律顧問　華洋法律事務所　蘇文生律師｜定價　500 元｜初版
1 刷　2015 年 10 月｜初版 4 刷　2021 年 6 月｜有著作權　侵害必究｜本書如有缺頁、破損、裝訂錯誤，請寄回更換

Le guide de
L'HOMME
STYLÉ...
même mal rasé

LE B.A.-BA DE LA MODE
MASCULINE

OPÉRATION SHOPPING : POUR
DES ACHATS INTELLIGENTS

CONTENTS

LES AUTEURS

作者介紹

好樣（BONNEGUEULE）
是什麼？

我們以經營部落格起家，而現在已不僅僅是個部落格。目前我們是一家六人小公司，跨足造型諮詢、服裝品牌經營與社群網路。我們沒有《時尚》雜誌（Vogue）的華麗文筆，沒有大型媒體集團的龐大資源，但是在分享、透明化和實際行動的基礎上，我們希望為男裝時尚這個我們熱愛的領域改寫出更理想的遊戲規則。從 2007 年開始，我們一直致力於此。

我們的出發點來自兩項深入觀察。第一，男性時尚領域充滿矛盾、模糊，甚至不客觀的資訊，使大部分男性感到無所適從，他們無法獲得足夠的背景知識來了解服裝的品質、風格和來源，因此也容易買錯東西。第二，許多知名大品牌挹注大筆行銷預算，卻忽略了品質。這兩種現象共同造就一種雙輸局面——男性消費者花錢購買不適合自己的商品，年輕設計師及用心經營的小眾品牌則難以找到市場。這一切更對社會整體造成負面衝擊：紡織工藝流失、時尚市場扭曲、生產及運輸模式變得更不環

保、商品均一化、紡織業的工作條件不斷惡化等。

我們給了自己一個任務：為男性與男裝時尚協調彼此，幫助所有男性買到滿意的服裝，穿得優雅，並從中獲得無限樂趣及分享的喜悅。我們也希望協助用心的品牌獲得良好發展，向世人證明男裝產業有另一條可行之路。

我們向所有讀者許下一個堅實的承諾：我們將協助大家用簡單而有趣的方式開創出自己的穿搭風格，在品質、倫理、簡單、價格之間找到最佳平衡。目前「好樣」已經有相當成績，透過良好的口碑，我們的讀者群在 2012 年達到67 萬人，2013 年則可望超過百萬大關，在男士穿搭領域掀起一股新的風潮。

貝諾瓦──我是誰？

2007 年 7 月，我在我的部落格「好樣」上發表第一篇文章。這些年來，我一直致力於探討男性與男裝之間的關係。

我向來對造型與色彩相當敏銳，也非常關注我的朋友在挑選合適服裝方面的困擾。這兩項因素敦促我多年來不斷累積這方面的知識，並接觸許多對這個領域充滿熱情的人士，逐漸發展出一套掌握男裝時尚的獨特方法。早在我剛開始鑽研這個主題時，我就對我找到的各種男裝資訊感到不太滿意，因為那些建議都太菁英主義、太強調男女關係、太理論，或太順從流行趨勢。我觀察到男性在穿搭方面所遭遇的各種問題，包括缺乏知識，還有擔心自己不但無法穿得好看，反而顯得女性化或膚淺等等。因此，我的著力點就在於提供簡單而容易應用的建議，讓男性朋友輕鬆購衣、穿搭。

另外，由於我在羅亞爾河地區的圖爾生活了十年，對這地方有著非常強烈的依戀。我非常注重接觸不同階層、不同社會背景的人，盡可能讓自己培養出對各種男性及穿著風格的正確理解，而不侷限於名牌時裝秀和上流階級酒會。

傑奧非──我是誰？

我的家鄉在亞爾薩斯，曾從事數年管理顧問，在 2011 年決定加入貝諾瓦經營的「好樣」男裝諮詢網站。在企業界的經驗使我培養出嚴謹的思考架構，讓我用務實的眼光看待男裝，我將男裝視為需要化繁為簡的主題，設法將這主題變得更清晰易懂，掌握其中具有實際影響的關鍵成分。

我有幸浸淫在多元的文化環境中，並且居住過許多地區（中歐、亞洲、中東、美國），這一切都使我培養出跨文化的藝術眼界，讓我清楚體會到，唯有透過異國文化的對照，我們才更能客觀地認識自己的文化，更能發現其中的美，並進一步為自己的文化增添豐富的內涵。今天，室內設計、建築、時尚領域互相結合、碰撞、激盪，共同塑造我的視野。這種貨真價實的跨領域關注，就是我想跟所有讀者分享的。對我而言，好的男性穿搭風格必須表現出沉穩性格與男性魅力，同時超脫平凡的日常生活。我喜歡在剪裁、質料、文化元素等方面創造對比，例如以寬鬆粗獷的伐木工人襯衫搭配經典 BRUT 牛仔褲，或以大方得體的西裝搭配登山鞋（別懷疑，真的可以這樣穿），創造獨特的穿搭效果。

在日常穿搭方面，我特別強調功能（舒適、實用、適合多種場合）與美感之間的平衡。某些都市族群喜愛缺乏舒適感且價格高昂的潮人風格，對此我抱持懷疑，我要跟大家分享的是簡單、實際的穿搭觀點，因為在網際網路的時代，穿搭風格不應該再被處理成複雜難解的議題。

PRÉFACE

幾個月前我在研究 18-30 歲「Y 世代」族群的
消費行為時，開始接觸「好樣」男子穿搭造型
諮詢網站。他們所提供的男裝時尚觀點兼容了
教育服務與企業性質，立刻吸引我的注意。這
群人在我們所處的數位時代中以全新角度重
新演繹傳統裁縫師的角色，而他們的做法遠超
過單純的產業改革。他們秉著謙遜與務實的態
度，提供的服務超越了當下年輕世代的關注範
疇，直指男性形象的全面重塑。

我姑且將這種逐漸發展成形的新形象稱為「男
裝極客」（譯注：「極客」即英文俚語中的
geek，意指極度醉心於某種科技或創意領域的
人），男裝極客表現出一種另類的時尚態度，
他們重視現實考量，也享受穿搭趣味，並勇於
抵抗時尚品牌無遠弗屆的影響力，只以一種非
常理性的尺標為依歸，即性價比。在經濟恆常
不景氣的今日，這種選擇具有根本上的意義。

「男裝極客」有三種層面上的定義：

1. 男裝極客非常重視服裝的解構：男裝極客會
   把每件衣服的每個細節加以拆解、分析，當
   他描述何謂剪裁完美的外套時，他的措辭細
   膩精準，彷彿熱情的銷售員在介紹最新出廠
   的杜卡迪機車。

2. 男裝極客十分熱中於風格符號：服裝符號是
   社會的新圖騰、族群儀式的構成要素，不僅
   建構出人的外表，也是內在複雜個性的外在
   表徵。以自我為中心所選擇、創造的穿搭細
   節便成為一種自我肯定的表徵。

3. 男裝極客從打理儀容中獲得樂趣：我們必須
   承認，對絕大多數男性而言，為自己打理合
   宜儀容是一輩子的差事。但對男裝極客而

Éric Briones
艾瑞克・布里昂內
Publicis EtNous 廣告公司策略規劃總監
DarkPlanneur 部落格創辦人
《Y 世代與奢侈品》（*La Génération X et le Luxe*）共同作者，
2014 年 2 月出版（巴黎 Dunod 出版社）

言，打扮自己更像是遊戲，一種精彩刺激的
多人角色扮演遊戲，他必須每天努力提升自
己的時尚力，在他最喜愛的遊戲場中展現實
力，而這個遊戲場就是他的職場。

「男裝極客」是充滿自信的新男性，懂得從過
去的「都會型男」形象中學習，並據此打造出
新的男性形象。《成熟風格的基礎：法國男子
穿搭、挑衣、品味養成指南》就是男裝極客的
出生證明，而各位讀者將在本書中發掘無盡的
樂趣！

INTRODUCTION 引言

你正在試衣間試穿衣服,心中卻不知所措。你無法找到喜歡的牛仔褲,沒有任何品項能打動你,你跟往常一樣,對於想買的服裝躊躇不定。可是你知道自己確實需要一條新的牛仔褲,於是你不管三七二十一,就這麼買了下來……然後你反覆問自己:這條牛仔褲能長久保持原本的剪裁嗎?半年以後會不會走樣到讓自己不再想穿?

還有一種可能,你買衣服時總是採取最簡單、最安全的辦法,你的穿著風格說不上好也說不上壞,只不過有點太規矩、老套了。然而,你非常渴望讓你的穿著風格忠實反映你的個性,不要再表現出那種半成熟、半年輕,不出大錯卻也毫無可觀的週末休閒風。此外,你的衣櫥裡塞滿你再也不會穿的衣服(更慘的是,其中有一大堆是你買了以後從沒穿過的),而這代表你的治裝方式出了狀況。

更別提那些可怕的週末下午,你在一家又一家擁擠不堪、空氣不流通的服裝店裡手足無措,運氣更差時還會碰到懶得搭理你、甚至態度惡劣的店員。

不過別擔心,這一切不是你的錯。在這個時代,男人越來越關心自己的穿著風格,希望找到適合自己的形象,但許多人感到迷失,找不到頭緒,在大企業不間斷的重金廣告轟炸下更加無所適從。知名大品牌的商品往往性價比極低(這倒也無可厚非,不然他們怎麼付得起請大明星的代言費?),選購服裝已經夠困難的了,這情況對男士來說無異於雪上加霜……

幸好過去幾年以來,法國男裝界出現了一種徹底的變革,讓這領域有股整體向上提升的趨勢。長期受到忽略的中級商品重新獲得重視,

許多年輕設計師主攻這個等級的需求,為所有消費者提供高性價比、風格合宜的服飾。大眾品牌也開始提升至中級水準,陸續推出剪裁更精緻、品質更優越的商品系列。

事實上,為自己找到合適服飾在今日已變得極為容易,市面上的商品包羅萬象,可以滿足不同品味、不同消費力的顧客。筆者將告訴各位如何有效利用這個朝氣蓬勃的市場,買到能夠打造自我風格的商品。重點在於,你得知道該到哪裡挑選商品,又該挑選什麼,還有如何運用不同服飾組合出成功的造型。「哪裡」、「什麼」、「如何」,這就是你將透過本書學到的。

筆者將探討如何打造自己的穿搭風格,同時設法駁斥一些成見。譬如一般人往往認為要穿得好就得花大錢,筆者在此斬釘截鐵地告訴你:不用!筆者會為你解說你的衣櫥裡應有哪些必備衣物,以及如何挑選尺碼適合、剪裁完美、質感優異的衣物。

總而言之,有了這本書,你將會找到你的穿搭風格。不是名牌服裝秀的風格,不是社交名流晚宴中的風格,而是「你」的風格,一種能在日常生活中突顯你個性的美好風格。

無論是什麼樣的人,都可以達到這個目標。有空時多翻閱這本書,你會在裡面看到來自各行各業的男性,他們不見得具備充足創意,但都足以證明,不分年齡、社會背景、體型,只要願意努力,任何人都可為自己塑造全新形象。

祝各位在愉快的閱讀中得到豐富收穫。記住:在旅行中,過程與目的地同樣重要!

貝諾瓦 & 傑奧非

LE B.A.-BA
DE LA MODE
MASCULINE

男性時尚基本觀念

第 一 章

這些成見
可以捨棄了

無論你的目標是找到理想工作、追求夢中女孩，或結交新朋友，保持某些心理狀態對你很有助益。發展自己的穿搭風格也是如此。

故步自封的心理和無謂的焦慮會阻礙你追尋理想風格。你或許聽過心中有個聲音，用各種可能或可想像的藉口搪塞你，設法打消你行動的念頭，而最簡單的藉口是：維持現狀在短期內最舒服。筆者也經常聽到這小小的聲音，因此我們鄭重呼籲：擺脫這聲音，嘗試新事物，發揮你的實驗精神。為求進步，我們必須奮力鞭策自己。如果那聲音冥頑不靈，以下就是我們的回應！

「這件外套不實穿！」

筆者常聽到有人抱怨新款服飾沒有以前的實穿，功能沒那麼多，或者不好活動，還有口袋不夠多、不適合運動或不耐髒⋯⋯這些考量都沒錯，但正因如此，你應該依據不同需求（如運動、做手工、爬山、健行等等）購置不同功能的衣物。至於口袋數目，請你先問問自己，身上真的需要攜帶那麼多零星的東西嗎？你真的需要帶那麼多零錢，那麼多張折扣卡、會員卡和鑰匙？如果淘汰了多餘物品，口袋還是不夠放，何不考慮隨身攜帶合適的包包，而不是把牛仔褲或外套口袋塞到飽脹變形？

3
TRAITS
DE CARACTÈRE
À DÉVELOPPER

你應該
努力培養
這三項人格特質

好奇心

好奇心會讓你注意到先前不曾留意的好店，並驅使你推開店門進去瀏覽商品，與店員談話，了解店家如何挑選商品。好奇心也會促使你試穿平常不習慣穿的衣物。

開放態度

不要妄下斷論，尤其當你還是新手時更需注意。因為我們在初學階段很容易抱持負面態度，排斥改變及新的事物。相反地，我們應該用新的眼光欣賞服裝（特別是高檔商品），並且告訴自己，優雅風格並不是有錢人的專屬權利。

感受力

擁有感受力就是能夠察覺合成質料與天然質料的不同，懂得觀察外套的垂墜感或襯衫的肩部剪裁。試穿衣服時，請盡量用心觀察衣物的外觀與細節設計。

「我喜歡保有個人特色！」

關於穿搭，唯有當你清楚自己在做什麼，才有權利「維持自己的原汁原味」。穿得輕鬆自在是一回事，邋遢、不顧形象又是一回事。弔詭的是，宣稱「保有個人穿搭特色」的人，身上穿的往往是滿街路人都在穿的洗白牛仔褲和運動衫，毫無特色可言！

我們也會看到，某些「保有個人特色」的人總是穿女朋友、老婆、媽媽幫他們買的衣服。這是「特色」嗎？還是正好相反？學會選購你真正喜歡的牛仔褲、符合你氣質的外套、讓你欣喜不已的鞋子，這才叫找到個人特色。

「花大錢才能穿得出色！」

這可不一定。某些品牌或商家的價格標籤可能讓你以為如此，但你要記住：在治裝預算不變的情況下，懂得購買剪裁良好、尺寸適中的衣服就是一大進步！至於其他方面，請參考本書第二章所提供的省錢訣竅。你會發現：用一般成衣價格購買到獨特的設計款商品絕對不難！

記住這點：
在治裝預算不變的情況下，
懂得購買剪裁良好、
尺寸適中的衣服就是一大進步！

保有自我本色並塑造良好穿搭風格是絕對可能的。就算你剛開始摸索，也不需要耗費太多心思。穿上充滿文青氣息的水手布襯衫，搭配俐落的奇諾褲，加上休閒感十足的莫卡辛鞋，你就跨出了理想的第一步！

「這件衣服穿起來不舒適，很難活動！」

穿搭新手嘗試合身的西裝外套時，常會不自主地旋轉手臂，像是要打棒球似的，接著便會抱怨衣服太小，很難活動。可是除了運動以外，平常你很少需要把手臂高舉過頭。當你發覺西裝外套或獵裝會限制你的身體活動，大可不必驚訝。其實這類衣物若挑對尺寸，就能夠改善你在正常活動姿勢下的廓型，使你顯得優雅大方。略緊的尺寸也會使你抬頭挺胸、拉直背脊，保持昂然姿勢。

都會鞋也是如此。這種鞋子是為都市生活設計，穿著走上兩小時的感覺當然不可能像籃球鞋那麼舒適。因此我們必須勇敢面對這個事實：剪裁得宜、風格大方的衣物穿起來絕不可能跟周日晨間慢跑時的穿著一樣舒適。我們不該執著於此，現在的你只是還不習慣被衣服「撐起來」的感覺。

但你肯定會漸漸愛上這種新的感覺。隨著時間過去，你會發現新衣物比過去的穿著更能讓你覺得舒適自在。

「如果我改變造型，大家一定會覺得我很奇怪！」

改變造型要循序漸進。大家會慢慢習慣看到你身上穿著新的基本款，或者換上新大衣或鞋子。你會驚覺，你身邊的人會比你更快接受你的改變！積極展現新風格絕對沒有錯。以低調、細緻、不俗氣的穿搭表現自我風格，會讓旁人看見你的個性與社交能力。能夠展現自信風格，不因為他人評斷你的穿著而忸怩不安，也代表你有餘裕處理其他更重要的事務。

「我太瘦／太矮／太胖，不可能穿搭出良好風格！」

人人都有身形上的缺點。學會掌握風格元素對改善整體外觀非常有幫助，而得宜的剪裁雖稱不上萬靈丹，但可說是最重要的一環。本書後續將以數頁篇幅詳細介紹服裝剪裁如何改善廓型，你會發現，挑選適合自己體型的正確服裝可以帶來意想不到的奇效。

就算身高沒有 190、身材不如男模，仍能擁有自己的翩翩風格。如果你體型削瘦，學會購買符合身材的衣服或能夠請人把衣服修改到合身，就完成 95% 的風格功課了。

當你發覺西裝外套或獵裝會限制你的身體活動，大可不必驚訝。
這類衣物若挑對尺寸，就能改善你在正常活動姿勢下的廓型，使
你顯得優雅大方。
略緊的尺寸也會使你抬頭挺胸、拉直背脊，
保持昂然姿勢。

「這件外套太緊了！」

會這麼說的人過去往往習慣穿著寬鬆的衣服，
因此剛開始改變穿搭時常有這種反應。但你得
了解，衣物在身上某些部位（例如肩膀、腰臀、
大腿）略顯緊繃是完全正常的，只要不是真的
太緊就沒問題。但如果你挑選的襯衫肩部較為
寬鬆，或褲子穿上後褲腰直往下滑，那就代表
尺寸太大了。切記，衣物只有在穿上時出現難
看的皺褶，才是真的太緊。

「我不可能
　找到合適的風格！」

請保持耐心，放鬆心情。了解時尚和學習穿搭
知識不難，只是轉化成自己的東西需要一些時
間。即使你對藝術缺乏概念，或者沒有能力購
買高價衣物，還是可以穿得比一般人更好。這
點我們絕對可以向你保證。

不要認為這件外套太小，其實這樣正好適合。放心！當你覺
得某件西裝外套穿起來感覺略為緊繃，就表示這尺碼確實符
合你的體型。一開始感覺有點緊是很正常的！

第 二 章

（衣櫥）
大小不重要

CE N'EST PAS LA TAILLE
(DE VOTRE GARDEROBE)
QUI COMPTE

衣服穿得不好、不講究風格，代價將超乎想像。不光是你的外在形象受損，邋遢的穿著甚至也會加重你荷包的負擔。

與其在衣櫥裡塞滿五、六十件平凡無奇、毫無特色的 T 恤、牛仔褲、套頭衫、連帽運動外套，不如精心選購幾件真正突顯自我風格的基本款服裝及合宜的配件。

大量購買便宜劣質衣物的好處可說等於零。不如少量購買高價的優質服飾，重質而不重量，這麼做不會讓你花更多錢，而且必定能改善你的造型。

NOTE 注意

許多男生的衣櫥都塞滿從來不穿的無用衣物，當他們想要購買優質衣物來改善穿搭時，自然會以為更新衣櫥內容是一筆天大開銷。事實並非如此：經深思熟慮而建立的衣櫥內容其實非常簡單，其中只有高品質的服飾。而且只要計算過成本便可得知，後者並不會讓你多花錢。

妥善選擇支出項目

現在請你用批判眼光審視你的衣櫥。你認為，購買五件沒人多看兩眼的 35 歐元襯衫，或者買兩件會引來衷心讚美的 80 歐元襯衫，哪種作法比較聰明？

牛仔褲更適合這種思考方式。買兩條不具特色的 60 歐元洗白牛仔褲，還不如花 120 歐元買一條以頂級日本丹寧布製作、剪裁完美無瑕的原色牛仔褲，後者不但耐穿兩倍以上，而且穿得越久，越能顯出迷人的古著色澤。

EXEMPLES
INSTRUCTIFS | 幾個
啟發思考的實例

01

三件 39 歐元的聚酯纖維混紡襯衫等於一件 120 歐元的設計師品牌高級府綢襯衫（擁有精緻衣領及珠母貝鈕扣）。

02

兩件 199 歐元的大衣（剪裁普通，肩部容易變形，塑膠鈕扣，合成面料），穿過兩、三個冬季就開始顯得邋遢，花費等於一件 400 歐元的設計師品牌純羊毛大衣（甚至可能含有喀什米爾羊毛），後者穿三、四年以上依然優雅有型。

03

三雙 79 歐元的普通運動鞋，穿六個月就逐漸損壞，花費就等於一雙 National Standard 這類優質品牌的高級運動鞋。

優質襯衫適合多種不同造型，無論搭配正式的西裝或瀟灑的獵裝、奇諾褲，都非常得體。

儘管白色往往屬於較正式的顏色，你仍可用白色系襯衫打造休閒外型。在薄 T 恤上穿一件白襯衫並打開兩、三顆鈕扣，或穿上襯衫後套一件丹寧布外套，都能塑造自然的休閒感。

現在來結算一下吧！

我們繼續來看衣櫥。如果你最近才開始注重穿搭，衣櫥裡很可能還塞滿許多無用衣物。把這些衣服通通搬出來，試著統計你在每一類衣物上各花了多少錢：襯衫、T恤、牛仔褲……小心，統計結果可能讓你大吃一驚！

或許你聽過帕雷托法則。帕雷托是經濟學者，他提出的概念很簡單：20%的原因會造成80%的結果。例如，你在最有生產力的20%時間裡可以產出80%的總工作價值。

大多數男人出門時，有80%時間穿戴的是衣櫥裡20%的同一批衣物。請估計一下你幾乎不穿的80%衣物一共花了多少錢，然後試著想像那些錢你可以用來做什麼。這個概念雖簡單，卻非常引人深思，不是嗎？

我們進一步探討這個問題，把焦點擺在最常穿的20%衣物上。這些衣服為你帶來多少讚美？筆者並不是說穿衣服是為了贏得讚美（雖然得到讚美總是令人高興），但筆者之所以問這個問題，是因為用心搭配的良好穿著**一定**會使你得到別人的稱讚，因為大家會感受到你以優雅迷人的方式表現出你的個性。

我們總結一下。目前你常穿的20%衣物還不具有上文所提那種使你與眾不同的附加價值，而衣櫃深處那些幾乎不穿的80%衣物卻耗費了可觀的時間與金錢。

原因很簡單：你還不懂得把錢投資在適合你的服裝類型上。什麼樣的服裝能夠立即為你帶來附加價值？我們第一個想到的不是Dior Homme的奢華外套或Lanvin的名貴運動鞋，而是一些很簡單的優質基本款服飾。

基本款服飾的優點

你之所以讀起這本書，應該是因為你覺得自己的穿搭風格還有很大的進步空間。既然如此，請記得一件事：當你為衣櫥重新打好基礎，你就完成大部分的任務了。而這個讓你在風格之路上盡情馳騁的良好基礎，就是高品質的基本款服飾！

當然，這些服飾的單價高於你過去所買的便宜衣物，但你需要購買的量會減少很多，因此總金額不會增加。此外，這些優質服飾比廉價的大眾成衣更經久耐穿，牛仔褲和鞋類尤其如此。就長期而言，你的初期投資將為你造就更高的報酬率。

與其用平凡、
無特色的衣物塞滿衣櫥，
不如精心選購幾件
真正突顯自我風格的
基本款服飾。

潮流前仆後繼，基本款屹立不搖

優質基本款服飾的最後一大優點是能在不斷更迭的時尚趨勢中維持不敗。想必你早已注意到潮流的轉變有多快速，不過幾年前，潮人們還忙著買修身牛仔褲和尖頭鞋，曾幾何時，法國及西班牙街頭的男人卻紛紛穿起伐木工人襯衫和奇諾褲。其中的道理很簡單：時尚潮流大都是由市場上的重量級成衣業者所制定，目的在於刺激消費。無論是服裝設計師或大型服飾業

設計師
創造時尚趨勢

意見領袖及其他
具影響力人物（饒舌樂手、
歌星、運動員、演員等）加以運用

依據大眾需求轉化為一般成衣

廉價平民流行

者，無不希望衣服的生命周期更短、更容易取代，甚至成為單純的消耗品。

設計師創造出時尚潮流後，意見領袖及其他具影響力的人物（饒舌樂手、歌星、運動員、演員等）隨即加以運用，然後成衣業者根據大眾需求大量生產，吸引民眾踴躍購買。

可是，無論潮流多麼強勢或普及，如果不適合你，就沒有必要盲從。況且，就算是幾千萬人瘋狂追逐的流行，也不代表那樣的穿著是有品味的。

你現在了解筆者的意思了嗎？再次強調，基本款服飾對你百利而無一害。因為精心挑選的基本款服裝在剪裁、圖案設計、衣料、色彩等方面雖然不見得符合當下的時尚潮流，但就是適合你。

這樣一來，你就成功避免了一般大眾所犯的三大錯誤（尺碼不對，剪裁不佳，品質不好），能夠把目光聚焦在真正適合你的服飾。

而且，雖然現階段你穿的是基本款服飾，卻不會讓你顯得跟不上流行，因為你可以依據你出入的社交場合、所處的文化環境，或你欣賞的時尚潮流，選擇合適的配件，打理出能襯托個人氣質的良好造型。

懂得用精心挑選的基本款服飾打造簡單俐落的風格，對穿搭新手而言已經非常足夠。

第 三 章

讓這十種基本款
成為你的良伴

LES 10 BASIQUES QUI SERONT
VOS MEILLEURS POTES

有時我們在街上會碰到一些男性全身都是名牌服飾,但單品與單品之間卻缺乏關聯,整體造型非常令人失望。

更糟的是,這些穿搭沒有條理的人卻經常擺出不可一世的姿態,自以為品味無人能及,事實上他們缺乏章法的造型根本就不成功。這相當可惜,其實只要懂得運用幾個比較中性的元素,就可以平衡整體造型,塑造協調又俐落的風格。

喜歡追逐潮流且財力雄厚的男性經常犯下上述的典型錯誤,因為他們從來沒有花時間耐心地為自己建立風格造型的基礎。問題的根源通常在於他們對「基本款」理解錯誤,以為基本款就是「乏味無趣」的代名詞。這是天大的誤解!基本款絕不是買不到特色服飾時拿來墊檔的平凡俗物,而是打造風格衣櫥的基礎。

基本款服飾甚至比你鍾愛的皮外套、格子襯衫、設計師鞋款更重要,雖然那些衣飾總能為你贏得一次次讚賞,但如果沒有好的基本款服飾襯托,那些特色衣物也不可能得到這麼多青睞。

7 BASIQUES
À rassembler en priorité

7 種 優先購置 的基本款服飾

1. 幾件 V 領或圓領 T 恤
2. 一條原色牛仔褲
3. 一條真皮腰帶
4. 一件西裝外套或獵裝
5. 一雙正式皮鞋
6. 一件白襯衫
7. 一雙運動鞋

3 AUTRES BASIQUES
Pour compléter sa garde-robe

3 種 錦上添花 的基本款

1. 針織毛衣
2. 冬季大衣
3. (牛仔褲以外的)高品質長褲

一件白襯衫、一件質料良好的深灰色西裝外套、一條原色牛仔褲,以及一雙品味高雅的皮鞋,就能搭配出各種場合皆適宜的雋永造型。

CONSEIL 建議

為改善穿搭,你得學會以下投資方式:

- 選購高品質的基本款服飾(主要是兩條牛仔褲、一件西裝外套或獵裝、幾件好看的單色 T 恤)。

- 選購價格實惠的合宜配件(手鍊、圍巾、眼鏡),花小錢就能打造別具特色的造型。
- 用心選擇效果強烈的品項(皮外套、設計款運動鞋等),建立獨樹一幟的個人風格。

風格男士衣櫥中的基本物件

一件採用天然質料、保暖效果好的大衣

幾件夏天穿的輕便 T 恤

一、兩件剪裁良好
的西裝上衣或獵裝

一、兩條適合熱天穿著的奇諾長褲

兩條穿越久洗白效果越迷人的原色牛仔褲

一雙好看的
運動休閒鞋

幾件開襟毛衣及春秋季穿著的棉質套頭衫

一件質料非常良好的白襯衫

一雙德比鞋或短靴,適用於比較正式的造型。

兩條腰帶,一條窄的搭配西裝,一條寬的搭配其他褲子。

大玩色彩遊戲，
但不變成小丑

JONGLER AVEC LES COULEURS,
MAIS PAS COMME UN CLOWN

對一般體型的人而言，炭灰色、雙鈕釦、有恰當腰身的西裝外套可說是不敗之選。除此之外，有許多款式變化則更適合不同體型的人。

「我的膚色屬於春天型還是夏天型？有雀斑該怎麼辦？曬太多太陽會變成秋天型膚色嗎？」對許多人而言，色彩是非常複雜的東西，但事情不該如此。

色彩這個議題充滿弔詭的悖論及不符規則的例外，而且規則本身就撲朔迷離。比方說，你聽過「顏色形貌心理學」嗎？某些穿搭風格指導者擁有一項特別專長：為色彩這個主題發展出一堆複雜難解的類科學理論。

結果呢？你六神無主地站在衣櫥或服裝店展示架前，不知所措。現在我們該來釐清這一切了！忘掉你自以為了解的色彩知識，色彩這件事其實簡單得不得了。

留意哪些色彩易顯廉價

就如同我們在成衣中會看到低檔衣料，某些顏色也常讓我們感覺非常庸俗廉價。仔細觀察奢侈品牌的衣物色澤，我們會發現就算是一般款式，其深沉與細膩的程度也是一般品牌很難看到的。而衣料品質與色彩品質之間的密切關連就是奧妙所在。大型國際成衣連鎖商對這兩個項目的投資通常非常少，因為他們的顧客普遍不注重這些。況且，高品質染料和優良染色程序的成本都很高。

這些因素明顯反映在服裝品質上。高檔服飾的色澤從來不會顯得黯淡或乏味，即使是灰色調、粉彩調或淺色調，也都具有引人入勝的深度和豐富的濃淡變化。說起來有點抽象，但只要你仔細觀察，就能體會箇中的道理。

我們最欣賞的顏色包括 Wooyoungmi 巧妙無比的灰、淡紫紅、藍紫，Rick Owens 掌握得出神入化的砂色、米色、褐灰色、金屬色澤，Maison Martin Margiela 的乳色等。COS 對粉彩色調非常有一套，他們的服飾擁有迷人的柔和色彩，非常容易穿搭。以上只是舉幾個例子，此外還有很多品牌用色非常巧妙，而且會隨季節做出鮮明的變化。

這種細膩的波爾多酒紅色在一般品牌中不容易見到，這顏色可以讓你的西裝散發一般灰黑色西裝沒有的特殊格調。

西裝上衣的袖長必須無懈可擊。

褲子的剪裁要稍微合身，藉此打造比較修長的廓型。

某些美麗的顏色雖然在成衣市場上相當罕見，但穿搭效果非常好，而且會讓你散發一股優雅氣質！

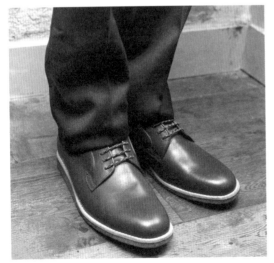

這張照片證明波爾多酒紅色西裝跟栗棕色皮鞋是良好搭檔。

令人驚訝的是，波爾多酒紅色西裝與圖案精緻的襯衫非常搭調。不過「空氣領帶」的穿著方式（也就是把鈕扣扣到最頂而且不繫領帶）只適合穿搭高手！

配色規則：
一次搞懂最適合你的顏色！

我們都看過各式各樣的色彩搭配規則，例如「髮色淺的人適合深色衣服」、「膚色黝黑的人應該穿暖色系，膚色白皙的人應該穿冷色系」等等。某些規則在特定狀況下確實適用，但這些色彩規則往往太籠統，而且經常從錯誤觀點處理色彩問題。

身為男性，我們在服裝上享有的色彩相當有限，比女性明顯少很多。男性服裝中適合當作主色的顏色包括白色（但這種顏色有風險）、黑色（風險更高）、藍色、灰色、砂色，以及這些顏色的衍生色。

如果某位「專家」斬釘截鐵地告訴你，根據你的髮膚顏色，你應該一輩子都穿橘色、紅色或褐色，請不要理會！話說回來，我們到底該選擇什麼樣的色彩組合？這個問題有可能避不處理嗎？

事實上，色彩一直都非常重要，但關鍵不在色彩本身，而是色彩之間的相互作用。這麼說你差不多應該懂了：配色基本上是對比問題。

「整套服裝的色彩組合應該呼應你的髮色與膚色之間的對比程度」，這個原則非常簡單，而且已經讓無數人受惠。如果服裝的色彩組合能夠接近你的髮膚顏色對比程度，就可以有效烘托你的臉部。

不過要注意，對比不限於不同色彩之間的對比。紅色、藍色及色譜上的各種色彩稱為色相，**明度**則是指同色相中的深淺變化。海軍藍西裝跟天藍色襯衫的色相同樣屬於藍色，但兩者之間的**明度對比非常高**。反之，淺灰色西裝及乳白色T恤之間的**明度對比非常低**，儘管兩者色相不同，但重點在於對比。

À RETENIR ｜ 切記

01
不要優先考慮顏色，服裝的剪裁與風格更重要。

02
色彩搭配的基本原則是呼應髮色與膚色間的對比程度，這項建議對入門者特別實用。

03
不要盲目跟隨「潮流色彩」或「當季色彩」。先選擇一些簡單而不退流行的顏色，如白色、灰色、不同深淺的藍色、米色等。

04
質料對服裝外觀的影響不下於顏色。因此，不要只想著如何配色，更要考慮怎麼在質料上做變化。

05
衣櫥裡只能有少數幾件黑色的服裝。

06
常抱怨自己不懂得挑選顏色的人，往往也是從來不試穿衣服的人，所以請你一定要強迫自己到服飾店裡試穿不同顏色的衣物。

① 低度對比效果

如果你擁有金髮、白皮膚的北歐外型,那麼低對比甚至單色變化的服裝最適合你。

② 中度對比效果

如果你的髮色較深、膚色中等(如地中海周邊或亞洲人的膚色),那麼你可以試著在服裝上呈現以下對比。

你可以穿深沉的海軍藍外套(呼應你的髮色)搭配灰色雲紋 T 恤(呼應你的膚色),重點在於讓不同單品間的對比效果接近你的髮色與膚色間的對比。

③ 強烈對比效果

如果你的髮膚顏色對比較大,例如髮色屬於深黑,但皮膚極為白皙,那麼你可以勇於嘗試對比強烈的服裝元素,例如以亮白襯衫搭配黑夜藍西裝。

④ 特殊情況:非洲人的膚色

許多非洲人及黑白混血兒的髮膚顏色對比有點接近地中海地區人種,如果你屬於這種外型,基本上可以採用前述中度對比策略,再依據你的實際狀況略加調整。不過,如果你的皮膚及頭髮顏色都非常深,那麼你享有得天獨厚的好條件,因為各種對比效果都適合你,唯一要避免的是顏色太淺的服裝,因為這種色調的衣服很容易搶走你的臉部風采。

我們會注意到,即使運用有限的色彩,還是可以搭配出獨特而富於變化的造型。這裡看到的顏色是海軍藍、孔雀藍和蜂蜜色。

弗洛里安的膚色與髮色呈現中度對比,他選擇的各種穿搭物件也達到類似的對比效果,因此整體造型顯得相當均衡。

在色彩搭配上
有個成功的開始

上述的第一項色彩規則已經讓你明白如何搭配色彩，但沒有告訴你怎麼選擇色彩。色彩問題的最佳解答其實是：不要提出問題。因為試圖研擬複雜的色彩理論來決定選色、配色，通常只會讓你更加糊塗。況且，男裝採用的主要顏色——白、灰、淺藍、海軍藍、米色，本來就適合所有男性。

因此我們給你一項簡單的建議：把治裝焦點放在五種顏色上，其中包括四個基本色及一個比較獨特的顏色（依自己喜好而定，例如藍紫或電光藍）。先選出這五個顏色，然後在深淺上做變化，建立對比層次正確而美觀的服裝造型。

灰色對男性特別有幫助，因為灰色的中性特質使這種顏色可以跟任何顏色搭配。灰色也可以用來調和色彩繽紛的服裝造型，使過於熱鬧的配色稍微安靜下來。此外，在一片斑斕的色彩間，灰色更可能獲得突顯。

五種顏色好像不多，不過你會發現最成功的穿搭風格通常都奠基於這種數量的色彩組合，而一套出色大方的穿搭造型很少超過三種顏色。

EXERCICE 練習

我們提供了基本原則，現在該由你來實際測試了。為自己打點幾套穿搭造型，然後透過鏡子或其他方式拍下全身照片。有些造型可能符合我們提供的原則，有些則不太符合。仔細觀察你的臉部，你會發現符合原則的穿搭造型最能有效烘托你的臉部。

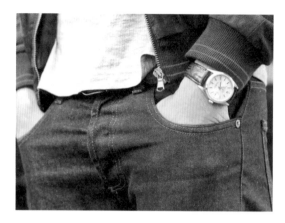

這裡有三個主要顏色：松綠、海軍藍、灰，幾道紅線有效襯托整體配色，灰色則銜接起這組合中的不同顏色。

如果你還沒準備好穿比較鮮明的顏色，可以先選擇比較簡單的色彩組合，例如白色、米色和海軍藍，這種搭配可說萬無一失。

中度髮膚色對比：中性藍的襯衫
與非常淺的灰藍色調 T 恤塑造出
很好的對比效果，使整體外型達
到均衡。

色調較深的奇諾褲與襯衫之間也
呈現適當程度的對比，不至於過
低或過高。

休閒鞋大體呈現與服裝相近的色
調，為整體營造絕佳的協調感。

這是一套色彩非常單純的造型，但剪裁及質料都非常講究。幾個出色的元素（太陽
眼鏡、手環、口袋）製造出豐富大方的細節。優質休閒鞋為整套穿搭帶來活力。

整套服裝的色彩組合，
應該呼應你的髮色與膚色之間的對比程度。

第 五 章

輕鬆打造
經典男性廓型

UNE SILHOUETTE PLUS MASCULINE
SANS TRANSPIRER

千萬別相信品牌灌輸的訊息,沒有絕對、
唯一的穿著方式。他人(如某個高大英
挺的男模)的風格不見得適合套用在你
身上,你的身形、髮色、膚色,以及職
場、社交環境等,都需納入考量。

話雖如此,有些堪稱典範的男性廓型還是你
應該認真考慮的。其中包括運動風廓型:寬
闊但不誇張的肩部、較長的腿部,還有不致
過重的體重等。但你也不需要因此備感壓力,
老拿這類問題折磨自己:

「我身高 165,長大衣絕對不適合我。」
「高筒休閒鞋?身高至少要 175 才能穿吧?」

這種思考邏輯太狹隘了。你不該因為身高及目
前的體型而限制自己穿某些衣服,這只是考量
穿搭風格的一種基準點。你可以在這個基準點
上,設法使自己接近經典男性廓型:

「我長得又矮又瘦,我的目標是讓自己顯得比
較壯碩而且高朓些。」
「我身材高大且體重過重,我要努力使自己
的廓型變得比較平衡,並設法掩飾腰部的贅
肉。」(但最好要搭配運動。)

你的體型確實可能導致你不太適合某些類型
的衣服,但仍有其他服裝可以協助你趨近理
想目標。半修身牛仔褲可以使腿部顯得修長,
結構感強的西裝外套或獵裝可強調肩部線條,
風衣的流暢線條則可有效修飾粗壯或削瘦體
型,這些都是常見的例子。

適合你的妙招

水平與垂直效果

這兩個簡單的幾何概念有各種應用方式,可
以幫助你輕鬆改善廓型。

如果你的身材較矮小或體重過重,有效運用
垂直效果可以讓你顯得高朓,或幫助你掩飾
腰部贅肉。

直條紋、合身牛仔褲、腰身收束得宜的西裝
外套等等,這些單品都可以將垂直效果導入
你的廓型。

如果你的身材較削瘦或高得像竹竿,又或者
你的腿是上半身的兩倍長,那麼水平效果可
以讓你顯得比較壯碩。

橫條紋、帕卡大衣(parka)、寬厚的鞋子,
還有肩部設計比較高聳的西裝外套等等,都
可以為你的廓型增添水平效果。

比例

在視覺上改變身形比例是有可能的。如果你
長得比較矮小,可以選擇較短的西裝外套,
這樣才不會讓人覺得上身過長,跟腿部不成
比例。

另一個例子是調整腰身位置。如果你的腿特
別長,或者剛好相反,上半身長而腿短,都
可以透過調整上半身和腿部之間的界線,達
到改善廓型的目的。

如果上半身特別長,可以選購褲頭比較高的
褲子,藉此縮短上半身長度。如果上半身特
別短,則可選擇褲頭和褲襠底部(兩腿分叉
處)都比較低的褲子,這樣就很容易使身形
比例顯得均衡。

另一個辦法是調整上衣的長度，依據自己的身材特性，選擇比較長或比較短的 T 恤或休閒襯衫。

—— 引導他人視線 ——

這是補充概念，不在幾何效果上做文章，而是從顏色和配件下手。

這個技巧的用意是把他人目光引導到別處，而不去注意你的腹部贅肉，或藉此強調你身上的其他部位（在多數穿搭造型中，這個部位會是你的臉部）。

我們也可以設法增加某些身體部位的分量感，藉此改善身形比例。例如身材高大魁梧的人可以穿上軍靴，讓足部與壯碩的胸膛形成均衡。肩膀比較窄的人則可以用圍巾調整整體視覺效果。

—— 實踐方法 ——

接下來筆者將逐一檢視各種服裝，以進行更詳細的探討，你也會了解自己該注意哪些選擇標準，才能買到最適合你的衣物。

筆者會針對每種服裝類別說明水平、垂直效果，以及調整視覺（轉移或引導他人目光）的能力。讀完第三或第四種服裝的討論後，你可能會開始覺得這個架構累贅而多餘，其實這正好證明這種分析方式是有效的，因為這種方式讓你逐漸吸收這些衡量標準，建立起下意識的思考機制，使一切慢慢變成直覺。

半修身牛仔褲可以使腿部顯得修長，結構感強的西裝外套或獵裝則可強調肩部線條。

這身造型包含許多垂直線條，圍巾以相當隨興的方式披掛，大衣的垂墜樣貌也顯得很自然。這套穿搭打造出比較修長的廓型。

西裝外套

西裝外套對整套穿搭造型的外型比例影響甚鉅，詳細探討這種單品有助於快速理解服裝廓型的概念。

雙鈕扣、有腰身設計的深灰色外套對於標準體型的人而言堪稱最正確、無風險的選擇，此外還有其他款式更適合各種不同體型的人。

—— 腰身 ——

強調腰身的西裝外套可以增加垂直效果，非常適合身材比較瘦小的人。

不過如果你身材壯碩甚至有點過重，加強版腰身設計不但不會顯瘦，反而會把你裹得像香腸，讓你非常不舒服。你應該選購略為寬鬆的直版剪裁。對大號身材的人而言，有個好消息是，許多清倉專賣店經常針對歐規50 到 54 號的大尺碼開出超優惠折扣，包括 Boss、Kenzo 等品牌的西裝外套。這類高級品牌雖然相對大眾化，但一般人要用原價購買還是非常吃力，所幸上述店家經常以很好的價格販售這些品牌的過季商品。

相反地，如果你相當瘦，亞洲品牌對你而言就非常理想，因為這些品牌的版型適合比一般歐洲人纖細的體型。假使你財力充足，可以考慮 Wooyoungmi，財力沒那麼雄厚的人可以選購 Gmarket 之類的韓國品牌。韓國品牌的西裝外套很適合作為入門款，因為性價比很好（不過要留意面料品質）。另一個韓國品牌 Kai-aakmann 也值得推薦，這個品牌的性質相當於法國的 A.P.C.。

—— 整體長度 ——

西裝外套的理想長度是雙臂自然垂放身體兩側時，下擺跟掌心切齊。這是最基本也最不受潮流影響的長度（當然，如果你的雙臂特別長，那又另當別論）。

如果你比較矮小，可以選購比較短的西裝外套，使你的雙腿顯長。這種做法現在相當流行，不過應該不會持久。

反之，如果你長得比較高大，我們強烈建議不要買太長的西裝外套，以免整體比例走樣。

—— 翻領 ——

非常精緻與一般的西裝外套之間的差別往往顯現在翻領設計。翻領有三個考量要點：長度（翻領長度決定領口深度）、寬度、形狀。

3
ASPECTS DES REVERS | À prendre en compte

翻領的三個考量要點

① 翻領的長度

如果你身材矮小，希望加強垂直效果，你就該選擇較長的翻領，這樣的西裝外套領口比較深，可強化垂直感。如果你長得高大而且腿部很長，也可以採取這項策略，在視覺上把你的上身拉長。

② 翻領的寬度

翻領寬度取決於胸肩寬度。太寬的翻領不僅無法讓你顯得壯碩，甚至會埋沒你原本就不太雄偉的上身。窄翻領也是同樣道理。翻領寬度的選擇原則是：要跟你的上身寬度成比例。

③ 翻領的形狀

標準翻領和劍領哪個好？這個問題見仁見智，不過劍領比較容易把別人的視線往上引導到你的臉部。值得注意的是，在非常正式的工作場合（銀行、審計等等），劍領通常是資深主管的特權。

—— 口袋 ——

就如同其他設計細節，西裝外套的腰部口袋及胸前口袋都會加強上半身的水平效果，因此如果你的身材矮小，要盡量避免有口袋的

右邊的雨果肩膀比左邊的貝諾瓦寬闊些，所以他可以穿翻領比較寬的西裝外套。你也會注意到寬翻領更能夠強調雨果的壯碩型身材。

設計。胸前口袋能夠為肩部增添細節，有助於引導他人視線往你的臉部移動，當你在口袋裡放袋巾時尤其有效。

── 鈕扣數 ──

在討論單鈕扣及雙鈕扣西裝外套的特性前，我們先看看三鈕扣設計。這種設計已經有點過時，近年逐漸減少，不過這種設計的好處是會把目光引導到臉部。身材偏渾圓的人很適合穿三鈕扣西裝外套。

單鈕扣西裝外套只適合比較壯碩的人穿，而且最好挑選鈕扣大致位於腹部最突出處的款式，這樣能夠創造比較自然的廓型。雙鈕扣則是最普遍的設計，適合大多數體型。

── 肩部 ──

西裝上衣的肩部設計跟你的肩部形狀有密切關係。如果你身形削瘦，要盡量挑選有適當墊肩的款式（墊肩可以有效勾勒肩部線條）。某些北歐品牌，例如 Acne（特別是 City 系列），特別重視墊肩。Ly Adams 的西裝外套也有很好的墊肩設計。

如果你的身材比較魁梧或呈方形，可以選擇沒有墊肩的「自然肩」款式。這種身材的人穿有墊肩的西裝外套，會使肩膀跟上半身其他部位（特別是臉部）顯得非常不成比例。

── 圖案與紋理 ──

這點與水平、垂直效果密切相關。

要塑造垂直效果，我們首先想到的是細直條紋。但要避免選擇整體對比過於強烈的條紋樣式，例如白色底色加上黑色條紋，這會顯得低俗。

水平效果也可以透過紋理和圖案來表現。講究的面料，例如帶有小斑點的羊毛料，可以為西裝外套帶來紮實、具分量感的外觀。方塊、淺色方格等圖案也具有同樣的效果。不過西裝外套不適合採用橫條紋。

── 袖長 ──

這點值得身材高大的人特別留意。袖長不難改短，不過要增加一到兩公分卻往往不可能。因此，試穿時要特別注意袖子長度，並設法找到比較適合你身材的品牌。

大衣

冬季大衣是個比較敏感的主題，特別是身材矮小的人很容易不加思索便排斥這類單品，只穿比較短的卡班大衣或西裝外套。

—— 長度 ——

大衣長度應及於大腿中間，如果長及膝蓋，穿著者的廓型在視覺上會被壓扁。你可以請師傅修改大衣長度，以符合這個簡單的原則，不過千萬不要改得太短，以免破壞這種服裝特有的外觀比例。

—— 鈕扣 ——

以下設計都能增強垂直效果：單排扣、鈕扣數量多且明顯易見，或者鈕扣的顏色及材質能夠與服裝本身形成對比。身材較矮小的人可以選擇這類款式，有點發福的人也可以藉由這種大衣使廓型顯得修長。

雙排交叉扣（如許多風衣的設計）及寬大而有氣勢的翻領能夠為大衣塑造水平視覺效果。比較瘦的人可以考慮這類大衣，藉此增加上半身的分量。

其他考量則與西裝上衣相同。

胸前雙口袋設計的水手布襯衫可為修長而削瘦的身材增添些許分量。

襯衫

圖案及腰身設計方面的考量與西裝外套相同。

如果你身材高大，袖長過短可能是個問題，你可以考慮 Melindagloss 等高級品牌，或 COS、Acne 等平價瑞典品牌。COS 的入門襯衫做得相當好。

袖子過長其實不是嚴重問題，只要稍微修窄袖隆，就能收束多餘布料，避免袖子膨鬆鼓脹，扣上袖口鈕扣後，袖子也不至於下滑到手背。

如果你的身材十分削瘦，或者你不想花大錢買高檔品牌襯衫，那可以考慮 Uniqlo 之類的平價亞洲品牌，或者請師傅訂做（訂做襯衫的價格其實往往相當合理）。

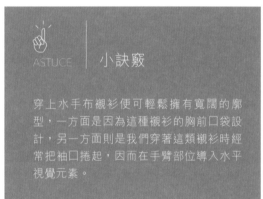

ASTUCE | 小訣竅

穿上水手布襯衫便可輕鬆擁有寬闊的廓型，一方面是因為這種襯衫的胸前口袋設計，另一方面則是我們穿著這類襯衫時經常把袖口捲起，因而在手臂部位導入水平視覺元素。

圍巾

圍巾有多種披戴方式，在穿搭中扮演多功能角色。用圍巾打出膨厚的結，就能為廓型增添厚實感，增強水平效果。反之，讓圍巾自然垂掛在胸前，則可為廓型增加垂直線條。

開襟毛衣和套頭毛衣

領口深度及鈕扣數目的考量與西裝外套相同。

如果你的身材稍微厚實,最好選擇領口不太低且鈕扣較多的開襟毛衣,這樣可以使廓型顯得修長,把他人目光引導到你的臉部。選擇對比效果較強的鈕扣及領口有滾邊設計的款式可以加強垂直效果。

Six & Sept 這個品牌有許多開襟毛衣採用具對比效果的領口滾邊設計,而且是義大利製造,性價比很高。

有分量的高領毛衣比較適合身材高大,特別是脖子較粗的人穿著。如果你的頭比較小,不要穿這種毛衣,以免頭部深埋在衣領中,這會讓你變得有點像烏龜。

衣料方面,厚毛衣可為修長削瘦的身形增加厚實感,使穿著者顯得比較強壯。

ATTENTION 注意

V 領設計非常普遍,但有時遭到「不當穿著」。怎麼說?因為 V 領會把他人目光往下引導。如果你有個大肚腩,這可就糟了,你想掩飾的缺點反而會受到矚目。

鞋類

筆者在此開門見山,先看比較令人頭痛的休閒鞋和靴子(這裡是指工作靴及越野靴之類的寬厚款式,而不是搖滾風的尖頭 Santiag 靴款)。

身材高大的人穿這類鞋履沒什麼問題,因為這種鞋子可以往下引導目光,使穿著者的廓型顯得更加穩重。唯一需要注意的是搭配什麼樣的褲子,搭配太緊的褲子會讓你看起來像踩著兩條船,褲子太寬大則容易在鞋子上產生過多皺褶,這樣就不怎麼好看。

身材矮小的人,腿部在視覺上也顯得較短,因此比較麻煩。具分量感的休閒鞋和靴子會給予身體下部太多負擔,使整體顯得不均衡。如果穿高統鞋款,褲子則會遭受擠壓,形成皺褶,在視覺上增加橫向效果。

較矮小的人還是可以穿高統運動鞋或靴子,但需注意避免破壞廓型。每一種鞋款都要好好試穿,並找出搭配效果最佳的褲子。鞋子的踝部開口樣式是非常重要的考量標準,可以多嘗試各種不同設計,變化自己的足部風情。

T 恤

領口的考量要點與毛衣相同。類似水手衫的 T恤特別值得選購,因為水手衫的橫條紋具有水平視覺效果,可以使上半身顯得比較壯碩。

PARTICULARITÉ 特別設計

許多 T 恤擁有對比效果鮮明的胸前口袋,這種設計會把目光往上引導,並在視覺上增加穿著者的胸部分量,使身材顯得壯碩。對比效果較低的胸前口袋設計則適合所有人。

粗網眼的針織衫賦予穿著者比較粗獷的樣貌,使外型顯得陽剛。具分量感的大圍巾則會使肩部顯得厚實,讓穿著者看來更有架勢。

牛仔褲

我們通常建議穿著半修身牛仔褲,不過依據穿著者的外型特徵,還是有一些例外。

身材壯碩者,尤其經常上健身房鍛鍊肌肉或從事馬術、足球等運動的人,由於腿部和臀部肌肉發達,可能不易穿上剪裁較合身的牛仔褲。這樣的人可以考慮購買法國品牌 A.P.C. 的 Rescue 或 Standard 系列直筒剪裁牛仔褲。大眾成衣品牌的牛仔褲也還算不錯,不過要避免後口袋過度裝飾的俗氣款式。

身材高大的人也不適合穿修身和半修身牛仔褲,以免更加強調原本就長的腿部。不過要是你的腿細到即使穿著半修身牛仔褲都顯得鬆垮,那就去找 Cheap Monday 或 April77 這類品牌的牛仔褲。

奇諾布休閒褲及其他類型長褲的選購考量與牛仔褲相同,但要再加上圖案、質感等因素。

ASTUCE | 小訣竅

選購滾邊丹寧布製做的牛仔褲,穿著時可以捲起褲腳,為廓型添加水平元素,並展現這個具有對比效果的美麗細節。

ATTENTION 注意

如果你身材矮小,低腰褲可說是你的頭號敵人。褲頭在腰部的褲子最適合你,不過不要選擇太高腰的款式,以免顯得老氣。

修改衣服

當你終於找到夢想中的衣服,可是這件衣服卻未完全符合前述的各種原則,該怎麼辦?你只有一個辦法:找師傅修改。不過請注意,不是任何衣服都可以修改,而有些修改很容易卻很少人知道。

—— 整體長度 ——

適度修改長度不會使衣服走樣。將西裝外套改短 20 公分當然會破壞比例,但改短 10 公分絕對可行。

我們也要注意,下口袋設計可能使修改長度變得棘手。最適合修改長度的單品則是大衣。

—— 袖子 ——

改短袖子是很基本的修改工作。不過,如果有特別的鈕扣孔設計或其他細節,將袖口摺邊改短的單純作業就會變得不可行,這時師傅必須從袖窿著手,「重新組裝」整個袖子,當然這種修改也比較昂貴。

如果製造商在袖子上方內側預留了一些縫份,我們也可以請師傅把袖子改長 1 到 2 公分,這點較少有人知道。高品質的服裝品牌通常會注意到這個細節。

ATTENTION 注意

大衣的袖子稍微長一點才好看,切忌改得太短。袖口應該遮住一部分的手背,這樣才能防風、保暖。

褲腿

褲腿可以修窄至接近半修身剪裁（如果是西裝褲的話，這種樣式稱為菸管褲）。

長度方面，你當然可以依需求適度改短。如果製造商為褲腿預留縫份，你也可以請師傅把褲子加長 2 公分左右。

腰身

修改腰身很容易，但必須仔細考慮再下決定。這種修改的目的是把西裝外套等衣物的腰部收窄，使衣服更貼合你的下腰部。

褲腰

縮小褲腰很容易，而且製造商會在褲腰後邊及側面多留一些布料，因此要把褲腰放大也很容易。通常是收小或放大一號。

假設你買了一套歐陸尺碼 46 號的西裝，上衣大小剛好，但褲腰太緊，這時請師傅把褲子放到 50 號是完全可行的。

西裝外套的腰身不要修改得太窄，以免使身形顯得太陰柔。

大衣的腰身設計不會很明顯，因為這種衣物必須讓人在寒冬時能夠在底下穿好幾層衣服（襯衫、毛衣、外套等等），以求保暖。

好的修改師傅可以創造奇蹟，甚至使你最喜歡的牛仔褲獲得第二春。

製造商會在
褲腰後邊及側面
多留一些布料，
因此可以
很輕鬆地
把褲腰改大。

第 六 章

表達個性：
突顯風格但不作怪

PERSONNALITÉ : IMPOSER SON STYLE
SANS METTRE LES PIEDS DANS LE PLAT

你可能認為本章寫得很抽象，這很正常，因為這章內容的確相當抽象。但這是有原因的：筆者認為有必要讓你了解，「風格」所涵括的層面非常廣，絕不限於你穿起某套衣服時的模樣。為自己找到合適的穿搭風格需要結合心態、感受力和知識，這三者遠大於「穿什麼」這個狹隘的框架。

一般人普遍認為，穿著有品味且自然流露優雅氣度的男人都是生下來就能掌握穿搭風格。就像許多人認為，對色彩和比例的感受力是上天的贈禮，與奶嘴一起送進舒適的搖籃。此外，擁有美好穿搭風格（注意，這不等於「時髦」或「潮」）的男性似乎不需費力也不需深刻思考，只憑直覺打扮就能優雅現身。以上幾種錯誤認知更鞏固了「風格是天生」這樣的迷思。請放心，那些人只不過是不經意地實踐了你在本書裡學到的穿搭知識。只要培養一點興趣並付出一些努力，你也可以發展出自己的風格觀點，超越「何謂正確剪裁」這種表象的問題。

這個觀點也將形成專屬於你的指導原則，引導你藉由穿著打扮來表達個性。我們向你保證，絕對沒有人在讀書識字以前就知道怎麼穿得好看！

閱讀時尚雜誌不足以提升你對風格的感受力。然而，我們周遭的環境則豐富無比，只要你知道目光往哪裡搜尋，這世界無處不是寶庫！下次你坐在露天咖啡座喝咖啡，或在美好的夏日午後坐在樹蔭下喝咖啡時，別忘了用心感受周圍的一切。

學著欣賞你所處的環境，第一要務就是把這本書闔上片刻。如果你生活在大城市裡，請你走出戶外，觀察四周的建築。如果你住在巴黎，到羅丹美術館、羅浮宮走走，重新發現那些你早已習以為常、視而不見的古蹟建築。你每天看到這些建築物，但你並沒有真正用心觀賞。你可以重新尋訪你所住城市中的美術館、博物館、攝影中心，參觀各式各樣的藝術展覽。

如果你住在鄉村，那裡同樣有許多事物等著你去發掘。仔細留意你四周的顏色，觀察大自然中深淺不一的綠色，試著讓自己沉醉在湛藍天空或仲夏夜的迷人色彩中。

試著了解人體比例，還有骨骼與肌肉如何接合，以及男女身體各有哪些線條與特徵。

你不需要對所有事物感興趣，只要選擇一、兩個與時尚密切關聯的創意領域（不包括音樂或烹飪），試著培養興趣就很好。了解自己喜歡什麼、不喜歡什麼，並設法了解原因。建築、繪畫、雕塑、攝影、設計、經典電影，這些都是你可以培養的興趣。

為自己找到合適的穿搭風格需要結合心態、感受力和知識，這三者遠大過「穿什麼」這個狹隘的問題。

城市就是時尚靈感的寶庫，只要抬頭，處處都有驚喜。經常問問自己，某個建築物立面會讓你聯想到什麼，什麼樣的建築風格吸引你，為什麼？用同樣方式欣賞繪畫、雕塑、攝影、室內設計，開發你對造型與色彩的感受力。

退一步思考
的關鍵之一
是不要太在意
旁人的意見，
而要更努力
傾聽自己的本能。

懂得退一步思考

—— 不要逼迫自己評判所有事物 ——

懂得欣賞美麗的事物很重要，但能夠退一步思考更重要。世界不只有黑與白，服裝也不是。避免用二元論把衣服歸類為「美」和「醜」，有時候我們不見得能斷定一件衣服是美是醜。當然，評判結果與個人品味有關，但同一件衣服可能在某套穿搭造型中令人目不轉睛，在另一種組合中卻不堪入目。我們常要實際穿上某件衣服才比較了解這件衣服是否適合我們。所以，不要對自己施加無謂壓力，逼迫自己評判所看到的一切。

—— 學會判斷一件衣服對你的益處 ——

退一步思考的關鍵之一是不要太在意旁人的意見，而要更努力傾聽自己的本能。幾個月以後，你會清楚自己的判斷中有多少主觀與客觀成分，但目前請你暫時跟隨直覺，只在判斷服裝的合身程度、剪裁及品質時才發揮理性。

比方說你在服飾店看到一件襯衫，你覺得真的很好看，而且認為這件襯衫的設計風格與你衣櫥裡的其他服裝非常搭調。可是你覺得這件襯衫的肩部太寬，肩線落在肩膀下方。這時你應該秉持理性，忍住購買的欲望。反之，如果剪裁、尺寸、品質三個條件齊備，而你確實需要一件像樣的襯衫，但還在猶豫，那就請你閉上眼睛，按照感覺行事吧。

選購契合個性的服裝

——衣服會對你說話……——

服裝必須如同回聲，反映你的個性。我們堅信，良好的穿搭風格是深度認識自我的結果。品鑑一件衣物，就是設法了解你所觀察、觸摸或穿著的衣物呼應了你身上的哪個部分。這話聽起來有點玄奧，但藉由培養深厚的風格底蘊，你會找到真正適合自己的穿搭風格。

我們以 American Apparel 的深 V 領 T 恤為例，這款 T 恤的剪裁和品質都屬上乘，但可惜的是，這種衣服目前仍被視為較炫、較潮的風格。如果你覺得無法把自己投射在這件 T 恤上，換句話說，你覺得自己跟這件衣物所代表的價值觀或文化有明顯距離，那就不要買。就算這是一件良好的設計師作品，而且某個朋友告訴你這件 T 恤很符合你的個性，你也要堅持自己的感覺，只有你知道自己是什麼樣的人。衣服應該要能反映個人形象，所以你買的衣服必須符合你的個性。在建立穿搭風格這場美妙的旅途中，學習這點是重要的第一步。

——……你的感官也會回應衣服——

要能欣賞服裝的真正價值，購物時便要主動積極。就算你還沒有明確的購買計畫，也要積極試穿各種衣服。撫摸衣服的質地，比較不同剪裁、質料、造型、色澤。特別注意細節，透過細心觸摸，專注感受美麗諾羊毛的細柔及日本丹寧布的粗獷原味。當你看到櫥窗中掛著休閒西裝外套，試著想像那種腰身剪裁穿在自己身上的感覺。嗅覺也不要忽略，請你湊近新的皮外套，嗅聞皮革的氣味。

大多數人買衣服時不夠注意衣服的整體品質，尤其經常忽視質料的觸感。這很可惜，因為這種輕忽的態度使他們無法找到契合自

己個性的服裝。

觸摸衣物的質料，靠近仔細觀察，看質料如何與光線交互作用。

ATTENTION 注意

不要忽略對你而言有些冒險的服裝，勇敢接受這些服裝帶你走出舒適圈。不要讓前面幾段文字變成你墨守陳規的藉口。

學習穿搭風格的三個階段

——初階班——

在你著手重新治裝以前，可以先透過網路下載你欣賞的品牌所發行的型錄，並從中列印你喜歡的相片。

大多數品牌會在網站上提供系列服飾介紹的 PDF 檔案。每隔三、四個月，你可以從中找出幾張合意的穿搭樣式，用這些照片建立資料，這樣你就可以了解自己的服裝品味如何

演變，掌握你的穿搭風格成熟度。建立圖庫還可以持續帶給你新的靈感。

閱讀《GQ》、《The Rake》之類的男裝雜誌也可以讓你習慣欣賞美麗的服裝，提升你的時尚素養。這會潛移默化並體現在你的實際穿搭上，不過要注意的是，不要逐字遵守所有穿搭風格建議。你的目標是培養良好風格，不是變成時尚風格的激進派信徒！

在任何情況下，街頭及服裝店都應該是你培養感受力的最佳場域。因為風格是建立在真實生活中，而不是電腦螢幕或美麗卻冰冷的雜誌頁面上。

你可以到 Lanvin、Hermès、Loro Piana、L'Éclaireur、Dior Homme 等精品店參觀，讓自己更加認識高品質服裝。道理很簡單：如果你不曾見過真正優質的服裝，當好衣服出現在你眼前時（例如當你參加設計品牌的媒體銷售會，或碰到高級品牌清倉拍賣），你就不會懂得把握。而且，逛這些精品店可以讓你捕捉時尚潮流的最新脈動。我們不鼓勵你花大錢買這麼貴的衣服，但觸摸感受這些衣服的質地，甚至實際試穿，是讓你熟悉優質服裝的絕佳訓練方式。

初階班大致為期一年，經歷這樣的時尚訓練以後，你可以開始著手購置基本款服裝，你的穿搭風格會變得不同以往，而且與眾不同。

中階班

如果你做好初階班的功課，你的時尚感官應該已經獲得初步訓練，很快就可以買齊優質的基本款服裝（詳見本書〈輯三〉）。當你備齊充足的基本款服裝，就可以放心繼續添購更高品質或更具設計創意的單品。當然，更遼闊的治裝可能性或許會使你犯下更多錯誤，而且由於單價高，「犯錯」意味著更大的財務風險。不過，如果你確實按照我們的

建議，按部就班去做，基本上你可以安然通過這道關卡。就算犯下一些錯誤，事情也不會太嚴重，你可以退貨，也可以上拍賣網站出售商品，但重點是你必須從中學到教訓。

在學習穿搭風格的第二階段，你也可以開始探索配件。當然，選購配件還是以低調穩重為原則，例如簡單的皮革手環或優雅大方的大圍巾。記住：少就是多！

高階班

完成風格學習之旅最後一個階段後，你將能夠買到適合你個性的單品，也懂得巧妙搭配。購買這類衣物的基本原則是，對顏色絕不妥協。而且設計越是獨特的服飾，就越該選擇容易搭配的顏色來協調。

在這個階段，你添購衣物的次數已經比第一階段少很多，治裝費也相對減低。有了紮實的經驗，你用網路購物所冒的風險降低，變得很容易買到好東西。

你也開始懂得選購一些略帶變化的基本款服裝，例如軍官領襯衫、領口採垂墜設計的 T 恤等。在這個階段中，你也可以開始擴增你的鞋履樣式，以開發新的穿搭造型。

還有，你那些酒紅色或電藍色鞋子都已經陳舊了，何不拿出來好好保養一下，打造成迷人的風格古著，賦予這些鞋子第二春？

穿搭風格反映你的自信

這本書從一開始便一筆筆描繪出典型的穿搭學習過程。而現在這個當下，你可以做一件很有益處的事：評估你目前的狀況，看你是否走錯了路。

有些人在建立風格的道路上急於衝刺，結果反而脫離正軌，有些人則半路停下腳步，還以為自己已經走完全程。還有一些人害怕自己表現不佳，或對自己缺乏信心，結果連第一步也不敢跨出去。

我們來檢視這幾種類型的人，並請你在這過程中思考自己與穿搭風格的關係。試著判定自己處在哪個階段。如果你發現自己起頭就走錯方向，別擔心，我們會提供有效的解決方案，讓你很快「回歸正途」。

設法保持低調的害羞者

—— 害羞者的特質 ——

第一個案例是不敢改善穿搭風格的害羞者。這樣的人所擔心的往往是注重外型會讓人誤會他缺乏男子氣慨、裝模作樣、自以為是，甚至喜愛炫耀。

他走進服裝店的第一個反射動作，就是找出整間店裡最簡單、最平庸的服裝——藍色牛仔褲、黑色毛衣、毫無設計感的都會鞋。黑色是他最中意的顏色，因為他認為黑色百搭，而且他聽很多人說黑色很高雅。他何必改變想法？

真正適合他身材的服裝，他都認為太緊身，他不願接受他的穿著風格中有一絲獨創性，穿得體面甚至會讓他感到不自在。他相信親友的意見更勝於時尚專家。

他不明白為什麼有人對時尚感興趣，可是又羨慕衣服穿得好看的朋友。他以為他們天生就有品味，而這種品味是他永遠不可能有的。

如果這位害羞者的體型稍微有點「特色」，那情況就更糟了。他會設法把自己掩藏在眾人中，讓自己盡可能隱形。他的做法是穿黑色的過大衣物，藉此掩飾圓胖的身體或太細的手臂。

他還會為自己的治裝選擇提出辯解，表示其他類型衣服不符合他的喜好及個性，但真正的原因是他害怕別人注意到他，甚至害怕在穿搭上出錯。

—— 解決方案 ——

要從相反的角度看待錯誤。如果你是這一類人，就要告訴自己，人無論如何都無法避免犯錯，而犯錯不是什麼嚴重的事。甚至可能只有你發現自己犯了錯，而且除非你穿螢光綠或鮮艷的紫紅色襯衫進辦公室，否則沒有人會在意你犯的「錯」。

而且，如果你仔細思考一下，你會發現不願意冒險使你的穿搭風格多年來幾乎毫無進步，而且你可能已經不自覺地犯了許多錯誤。

請立刻停止購買與既有衣物一模一樣的東西，並開始選購真正合身且顏色、剪裁能夠襯托你，使你更帥氣的衣物。

你可以用自己的方式前進，但一定要前進。難道你真的希望自己未來幾年甚至一輩子都只能穿得跟現在一樣嗎？

T 恤太大，掩沒整體廓型。

雖然你真心喜歡灰色，但這灰色
卻使整套穿搭顯得平淡乏味。

牛仔褲太寬鬆，使穿著者的雙腿
顯得巨大。

這是從來不想（或從沒勇氣）培養良好穿搭風格者的典型穿著。穿著過大的衣服只代表
一件事：你很邋遢。

有些人在建立風格的道路上急於衝刺，結果反而脫離正軌，
有些人則半路停下腳步，還以為自己已經走完全程。

已經掌握基本原理，
但不肯冒險的好學生

—— 好學生的特質 ——

好學生往往曾經是害羞者，他往前走了幾步，但還是不敢冒險跨出熟悉的老路。

每次買下一件衣服前，他都要考慮所有條件，這件衣物的一切都必須符合他所學到的原則，否則就是錯誤選擇。某顆鈕扣底下的小皺摺、肩部設計略顯歪斜……這些小事都可以成為不買的理由。

任何服裝只要包含他不熟悉的設計細節——某種沒見過的圖案、某個地方多了一個口袋、領口設計不同於一般款式，他都會掛回展示架上。他對合身度及剪裁也挑剔到極點，絲毫不願在這些方面讓步，因此治裝成為極其困難的任務。

如果他選出一件有點不一樣的衣服，通常那都只是某個基本款的簡單變化版，例如領子有點圓（俱樂部領）的襯衫，或稍微窄一點的領帶，而不是真正個性強烈的物件。

他盲目跟從網路或雜誌所給予的時尚建議，但不同資訊來源所提供的建議經常互相矛盾，這使他感到無所適從，開始質疑自己的進步。（所以在此提醒讀者，不要不假思索接受所有資訊！）

當他碰到穿搭造型極為獨特的人，他第一個想到的是批評，而不是從中獲取靈感，因為他自以為掌有時尚風格的唯一真理。他的考量不在整體廓型或這廓型所傳達的精神，所以他會批評「褲子短了點」、「領口低了點」，而不是欣賞整體造型所流露的創意。

結果就是，好學生的穿搭風格往往太簡單，甚至平淡乏味。他穿得還算不錯，但從不會讓人驚艷。他彷彿拒絕將自己的個性延伸為

服裝表現。這樣非常可惜，因為他已經擁有良好的風格基礎，只是缺少一點創意讓他從平凡大眾中脫穎而出。

—— 解決方案 ——

我們提供的各種原則可以幫助你建立穩固基礎並快速進步，但不要忘記，這些規則不可避免地都包含許多反例。

此外，給自己一點犯錯的空間是絕對可以接受的。一件適合你而且價格合理的襯衫，即便在做工細節上有些小瑕疵，但只要你喜歡，買下來也不見得有錯。

你也該懂得發揮創意、嘗試冒險。如果你還是抗拒太強調個性的服裝，至少先在配件上大膽。試著讓更多顏色進入你的衣櫥。你也該試穿一些你認為永遠不可能穿的衣服，這

所有衣物的尺寸都很正確，但這些穩重的衣物顏色單調且缺乏質感，組合出來的造型太平淡、太乖乖牌。而且T恤領口太高，讓人覺得有點僵硬。

麼做不但可以刺激你的想法，而且有時驚喜就是這樣發生的。

強迫自己購買好看的配件，偶而放手購買一、兩件性格強烈的服裝。

急於表現
但沒有搞懂基本原則的熱血族

── 熱血族的特質 ──

經過幾年毫無概念的流浪，他終於發現「時尚」這種東西。他對於找到合適穿著依然有挫折感，不過還是買了一些不尋常的奇特衣物，只是結果不怎麼理想。有時他甚至會買帽子來戴，或穿很快就磨損變形的廉價尖頭鞋。有時他只看品牌，盲目買下一些並不適合自己的東西。

他學到一些時尚的基本知識以後，忽然間信心大增，自我感覺良好。只不過這一切發展得太快，造成他憑衝動購買，購買的單品之間缺乏協調，而且他對品質沒有概念，也不懂得保養。

結果他的穿搭風格缺乏章法，紊亂不堪。

── 解決方案 ──

如果你屬於「穿搭熱血族」，請稍微冷靜一下，別再買那麼多「個性物件」，好好購置高品質的基本款服飾，如白襯衫、原色牛仔褲、灰色獵裝等。沒錯，這些東西不那麼令人興奮，卻可以讓你的風格更協調、更合理也更穩健。把採購重點放在比較簡單、不易退流行而且剪裁優美的單品上。

掛在 T 恤外的首飾常讓人覺得俗氣、沒品味。

牛仔褲設計太誇張，對整體造型有害無益。

使用太多「個性物件」，使整體造型給人俗炫招搖的印象。

就連鞋子的穿著方式也太張揚，急於引人注目的人特別喜歡這種表現方法。

能夠打造均衡風格的優等生

—— 優等生的特質 ——

要建立平衡而協調的穿搭風格，得先建立平衡而協調的衣櫥內容。真正懂得穿衣服的人，他的衣櫥同時包含高品質的基本款（原色牛仔褲、休閒西裝、襯衫、大衣等）及個性強烈的單品（做工講究的皮夾克、高統休閒鞋、卡其色風衣等）。

他也知道怎麼運用昂貴且個性獨特的設計款單品，搭配在大型服飾連鎖店或度假勝地花二、三十歐元購買的基本款服裝或配件，創造出巧妙的組合。

早上出門前，他往往不需思考太久就能夠從衣櫥中找出合適的穿搭組合，因為他的所有服裝品項彼此都能協調良好。他只要對調一兩種服裝元素，就能夠把周末的休閒造型轉換成正式穿搭（反之亦然）。

他有時不免犯下錯誤，但他的穿搭風格能夠呼應他的個性，而且他終於學會不去在意別人的眼光。他會到服裝店裡嘗試新的服裝款式，或用既有的服裝打造不同的組合，從中找到樂趣和新的穿搭方案。

低調的灰色開襟毛衣有效烘托牛仔褲的美麗質料、精緻的腰帶及襯衫的小方格圖案。

反摺褲腳塑造出舒適的休閒風格。

給自己一點犯錯的空間是絕對可以接受的。
一件適合你而且價格合理的襯衫，
即便在做工細節上有些小瑕疵，
但只要你喜歡，買下來也不見得有錯。

這個造型非常平衡、協調，成功結合休閒與品味。栗棕色鞋子帶來一抹活潑色彩，又不失穩重低調，而且藉由顏色呼應，突顯出腰帶這個元素。

第 七 章

別忘了整理房間及衣櫥！

PERANGEZ VOTRE CHAMBRE !
(ET VOTRE PENDERIE AUSSI)

讓我們立刻採取行動。第一步就是整理衣櫥裡的衣物並分門別類，擺放到專屬的位置。衣櫥的收納功能及空間配置是首要重點，為的是讓你早上不必花大把時間煩惱要穿什麼。另外，如果你能把所有衣物擺放得一目瞭然，就更容易探索各種穿搭可能性。把衣櫥整理得整潔有序還有一個好處：讓搭配穿著變成愉快而有趣的事。

第二階段筆者將說明怎麼篩揀衣物，也就是把可以穿的衣物和應該淘汰或替換的衣物分開來。這個練習可以讓你辨明哪些衣物是你常穿的，以及你還需要添購哪些基本款服飾。

不過請注意，這項工作並不容易。雖然你已經知道某些過去常穿的衣服肯定不再合適，但要跟這些衣物說再見，真的不太容易。另一個困難在於，當你把衣櫥內容整理分類好以後，你必須努力維持，不能再度落入過去的惡習，例如老穿一些舒服但不合適的舊衣服、讓混亂重新入侵衣櫥等等。

加強衣櫥的收納功能

搬出所有衣物，好好清理你的衣櫥或衣帽間。如果內壁陳舊了，可以重新粉刷，這件事只要花點小錢（可能不到 10 歐元）就能辦到。底板或地面有髒污就清理掉，如果衣櫥裡留有一些沒用的老東西，請送人、賣掉或丟棄。然後用吸塵器吸得乾乾淨淨。

下一步是加強衣帽間或衣櫥的收納功能。道理

很簡單，衣帽間或衣櫥的空間有限，應該擺放真正有用的衣物，其他沒有用但又不想丟的東西可以存放別處，如床底下、儲藏室、地窖、閣樓等等。

打開你的衣帽間或衣櫥：

* 衣架數量是否足夠掛上三套西裝、四件襯衫以及所有領帶？
* 收納格是否足夠擺放 T 恤、其他種類上衣及褲子等？
* 收納盒是否足夠擺放內衣、襪子及各種配件？
* 剩餘空間是否足夠擺放至少三到四雙鞋子，而且不會互相擠壓？

如果以上任何問題的答案是「否」，請你快快前往 IKEA 或其他類似商店尋求解決辦法。在這類商店可以買到很好的衣架，他們賣的厚紙箱收納盒也很理想。如果你總是把髒衣服掛在椅背上或丟在地板上，請順便買個大一點的洗衣籃。

ATTENTION 注意

把衣櫥整理得井然有序以後，你必須對自己狠下心，別再用你已經不穿的衣服塞滿衣櫥。你也應該把衣服摺疊好，並收納在正確的地方，這樣每天出門前才容易找到衣服，也會比較有意願為自己打理合宜的造型。

用 80 / 20 法則整理衣櫥

在 80% 的時間裡，你穿的都是衣櫥裡 20% 的衣物，而這 20% 的衣物為你帶來 80% 的讚美。另外那 80% 的衣物不是你脫離青少年時代後就不曾穿的東西，就是你從來不敢穿或狀況已經很差的衣服。

我們現在向你仔細說明這個部分，然後再把焦

點放在 20%的有用衣服上。

1

把所有衣物搬出衣櫥，分散地擺在房間裡。好了嗎？現在開始執行嚴肅的任務。

2

依據剪裁、尺寸、品質這三項標準來篩選，把不符合條件的衣服放進大袋子裡。特別記得，在剪裁和尺寸方面絕不可以放水！

3

接下來把注意力集中在顏色。所有俗炫的、洗白的衣服，以及所有印了斗大品牌名稱或標誌、難看圖案、無意義英文字母的服裝，通通放進大袋子。

4

剩下的衣服裡，有哪些是你半年來從沒穿過的，沒穿的原因又是什麼？如果你能找到問題的答案（剪裁不好、尺寸不對、缺乏品味），那也請你把這些衣服送進大袋子。

5

再把剩下的衣服擺在床上。這時應該所剩不多了，再多也不會超過原來的一半。仔細觀察這些衣服，想像你用這些衣物來打點幾套穿搭造型。你眼前出現的景象，大約就是你目前的形象。你覺得這個形象怎麼樣？能夠反映你的個性或表現你想要的樣子嗎？這時你看到的形象不只是幾件毛料及棉質的衣物，也不只是一堆剪裁和色彩的組合，而是別人眼中的你。這個形象有可能改善嗎？答案是：可能。我們會幫助你做到這件事。但在這之前，你必須面對一件更困難的任務：你必須對每件衣服做出命運判決，而且要非常嚴格。

6

把大袋子收藏起來，放在不容易拿到的地方，例如地窖、儲藏櫃最頂層、爬梯子才能上去的閣樓。如果你真的很想念其中某些衣服，或者需要某件衣物但又沒有替代品，那就勉為其難地擺回衣櫥，但別忘了盡早添購新衣物來取代。

7

至於大袋子裡的其他衣服，既然你半年來都沒穿過，就大方地送給需要的朋友，或捐給慈善機構吧。

8

如果你因為情感因素很難捨棄某些衣服，請對自己嚴厲一些。告訴自己，這些衣服不值得留戀，因為這些衣服完全無助於建立你的形象，也因為如此，最適合這些衣服的去處就是那只大袋子。

想必你已經注意到自己的衣櫥缺少哪些東西。或許你發現自己缺了一條真正好看的牛仔褲，或者冬天穿的毛衣。你應該依據這些狀況安排基本款服飾的優先購買順序。

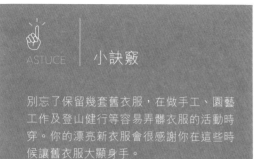

ASTUCE | 小訣竅

別忘了保留幾套舊衣服，在做手工、園藝工作及登山健行等容易弄髒衣服的活動時穿。你的漂亮新衣服會很感謝你在這些時候讓舊衣服大顯身手。

第 八 章

好好照顧衣服，
衣服就會照顧你

PRENEZ SOIN DE VOS VÊTEMENTS,
ILS PRENDRONT SOIN DE VOUS

費心添購美麗的新衣後，卻從來不保養，這不是很奇怪嗎？

服裝保養雖不是時尚中最有趣的部分，但卻是不可或缺的一環。因為保養做得好，服裝的壽命自然增加，汰換周期隨之延長，治裝預算也就相應減少。此外，穿著保養不良或破舊的服裝，會給人隨便、邋遢，甚至骯髒的印象。

不過，保養服裝不一定要逐字遵照標籤上的說明，況且這些標籤有時寫的是我們看不懂的語言，那些符號我們也經常搞不太清楚。那麼，衣服該怎麼保養？應該手洗？或者怎麼洗？哪些情況該送乾洗？可以用洗衣機嗎？以下立即揭曉。

襯衫保養得好，領口才能長久保持堅挺。

低檔服裝質料比較差，也比較容易損壞。由於磨損速度快，保養工作就變得特別重要。

以下是你應該培養的好習慣：

* 大眾品牌服裝要摺疊起來收納，絕對不可以捲成球狀。
* 皺掉的襯衫只要好好熨燙就會恢復神氣。
* 入門款毛衣要摺疊起來存放，絕不要掛在衣架上，否則容易變形（特別是剛從洗衣機取出來還潮濕時）。
* 西裝外套一定要掛在衣架上，而且最好使用比較寬大的衣架（不要用洗衣店的小型金屬衣架）。

不過不要心存幻想，保養做得再好，也無法創造奇蹟。

高品質衣物也可用以上方式保養，小心為上！

襯衫該怎麼保養？

且讓我們開宗明義地說：好襯衫用洗衣機洗絕不成問題。筆者自己有各種不同等級、不同質料的襯衫，用洗衣機洗從來沒有碰到麻煩。

洗衣機的優點是什麼？當然是比手洗更有效率！特別是在領口及腋下部分。說到這點，市面上有一些去污劑（例如 K2R、Vanish 等等）可以有效去除這些部位的污漬。這種產品通常是小瓶裝，衣服放進洗衣機前 5 分鐘施用在髒污處即可。下次到超市採購時，記得買一瓶回家。

不過請看清楚，雖然我們說一般的襯衫用洗衣機洗不成問題，但有個附帶條件：洗滌溫度絕對不可超過攝氏 30 度，脫水速度要選擇最低速，而且洗衣精不要放太多。經過一個小時的

洗滌（這是棉質衣物的平均洗滌時間），襯衫還是可以洗得相當乾淨。

如果你的襯衫特別細緻，或質料特殊，請把洗衣機調到纖細衣物洗滌模式，並與上述去污劑搭配使用。這樣可以延長襯衫的壽命。

千萬不要使用烘乾機烘乾，這種機器對待衣物的方式非常糟，最擅長破壞你的寶貝衣服。以襯衫而言，祖母的晾衣繩才是最佳乾衣工具。晾乾以後，用熨斗好好燙一下，然後摺疊起來，就大功告成啦！

當你不確定該選擇何種洗滌方式時，請優先選擇最不傷害襯衫的方式。如果要洗深色襯衫，請使用深色衣物或鮮豔衣物專用的洗衣劑。

襯衫一定要經常熨燙，這樣可以把纖維壓實，使面料保持堅韌，觸感會也比較柔細。還有，這點不說你也知道，沒有熨燙的襯衫看起來真的有點……邋遢。

T恤又該怎麼保養？

跟襯衫一樣，任何好T恤都應該禁得起洗衣機洗滌，不過溫度以攝氏 30 到 40 度為宜，而且洗後應避免脫水，要掛在晾衣繩上風乾。基本上，就算你的T恤是有機棉製的高級品牌貨，也可以用洗衣機洗。T恤可以說是最容易洗的衣服了。

如果要洗較高級的T恤，例如以真絲及莫代爾纖維混紡的款式，只要把洗衣機調到纖細衣物洗滌模式就好，不過有些愛操心的人可能還是

當你不確定
該選擇何種洗滌方式時，
請優先選擇
最不傷害襯衫的方式。

寧可用手洗。

在此一樣要提醒，絕對不要用烘衣機烘乾T恤。從洗衣機取出來以後直接晾起來風乾，然後收下來熨燙後再收納即可。

保養針織衣物

這部分比較棘手，因為材質不同，情況也不同。

—— 洗滌 ——

棉質針織衣物用洗衣機的棉質衣物模式或纖細衣物模式洗滌通常不會有問題。

羊毛針織衣物請放進洗衣袋，這樣在洗滌過程中才不會摩擦到其他衣物或洗衣槽內壁。

手洗當然是最安全的做法。在盆子裡倒入溫水及半瓶蓋冷洗精之類的纖細衣物專用洗劑（超市都買得到），輕輕揉壓洗滌即可。

無論如何都不要把水溫調高，否則你的毛衣絕不會原諒你。

ASTUCE | 小訣竅

如果你還沒買洗衣袋，可以把衣服放進枕頭套，打個紮實的結再放進洗衣機。

—— 脫水 / 乾衣 ——

把毛衣放進洗衣袋，然後用最低速（通常是每分鐘 500 轉）脫水 5 分鐘。這樣就可以有效去除針織衣物中的水分，衣物會比較快乾，而且也不會變形。

不過千萬記得，不要將濕毛衣掛在衣架或晾衣繩上，必須等水分流乾以後再晾起來。

你可能聽說過針織衣物可以用兩條吸水毛巾包起來吸乾水分。這個辦法確實很好，但很不實用。不信你可以試試看，肯定會把浴室地板弄得溼答答的。

── 喀什米爾羊毛 ──

關於喀什米爾羊毛衣物的保養方式，坊間流傳著各式各樣的傳言和誤解。有個原因是，不同品質的喀什米爾羊毛，對保養工作的反應也不同。

這種質料跟水處得很好，所以不必怕用水洗滌。如果你不確定毛料品質優劣，那就採用最安全的辦法：把一些洗髮精倒進溫水裡用手洗。把毛衣放在水槽裡輕輕揉壓，再浸泡10分鐘左右。

接下來用大量清水沖洗乾淨，然後脫乾水分（方式跟一般毛衣一樣，放進洗衣袋以最低速脫水5分鐘，或包在兩條吸水毛巾之間）。

當然，最後風乾時一定要平放。

NOTE 實用建議

喀什米爾及其他羊毛料不太需要洗滌，這些質料不會留住氣味，而且動物纖維不像棉料那樣容易吸收髒污。對那些任何衣服穿過一、兩次就一定要洗滌的「洗衣強迫症患者」而言，這點特別值得參考。

西裝外套、夾克、全套西裝

這些單品當然是送洗衣店，這點絕對沒有商量餘地！不過最多一年送洗二到三次，洗得太頻繁會損害纖維，尤其一般乾洗店所使用的乾洗劑腐蝕能力較強，而且這種洗法會使衣物受到頻繁摩擦。

如果你夢想中的乾洗店是由專業人士幫你呵護珍貴服裝的好地方，那你該清醒了。乾洗對某些衣服雖然有必要，但不可以太常造訪乾洗店，以免你的好衣服英年早逝。

你可能想抗議，一年只送洗三次也太不衛生了吧？可是，西裝用的是毛料，穿著時不會直接接觸身體，而且你幾乎每天都會換襯衫，即使流汗也不會沾溼外套。所以，西裝不容易髒也不太會有異味。外套及大衣也是如此。

保養牛仔褲

牛仔褲的保養屬於特殊案例。

購買優質牛仔褲需要投注相當金額（其實所有優質衣物都是如此），所以一定要好好保養。

而且，牛仔褲的靛青染料固著力低，碰到水很容易褪色，接觸洗衣劑更會加速褪色。

因此，牛仔褲不要時常洗滌，以免太快變白。最漂亮且對比效果最佳的牛仔褲洗白效果來自風乾作用，讓牛仔褲因為水洗而提早發白是很可惜的。基本上牛仔褲可以兩個月洗一次，如果你不常穿或衛生習慣較好，可以更久才洗一次。當然，前提是你要養成良好的衛生習慣，不要連續兩天穿同一條牛仔褲，而且穿著時要盡量避免流汗。

剛接觸時尚的人可能會對不常洗滌的做法感到驚訝。但請想想看，你家客廳的沙發布一年不見得會洗一次，可是你並不會覺得髒。

── 保養原色牛仔褲 ──

對於這件事，極注重衛生的穿著者與對牛仔褲極度狂熱的「丹寧布極客」的看法截然不同。我們建議以下列兩種方式洗滌，你可以根據可投入的時間與珍惜牛仔褲的程度決定採用何者。

＊用洗衣劑洗滌：浴缸裡放一些水，加入深色衣物專用洗衣劑和一瓶蓋的醋。牛仔褲內側外翻（這麼做可以減少掉色），放進水中完全攤開，確實浸泡 20 分鐘左右，不時翻面。然後用大量清水沖洗後晾乾。

＊用天然成分洗滌：浴缸裡放一些熱水，加入至少 300 到 400 公克鹽（使用熱水是為了快速溶解鹽）。熱水變溫後放入牛仔褲，按上述方式浸泡、清洗及晾乾。

這些方法都有點花時間，所以你可以一次洗好幾條牛仔褲，接下來兩、三個月就不必煩惱這件事了。

最重要的是，原色牛仔褲絕對不可以用洗衣機洗！

── 保養灰色牛仔褲 ──

灰色牛仔褲比較不用擔心洗白，因為這種牛仔褲本來就是將黑色牛仔褲洗白而來。繼續洗白只是使灰色變淡，對整體外觀影響不大。

所以，灰色牛仔褲是唯一可以接受機洗的牛仔褲，不過洗滌溫度不要超過攝氏 40 度，也不要脫水，掛在晾衣繩上風乾就好。話雖如此，我們還是建議你用洗滌原色牛仔褲的方式洗灰色牛仔褲。

＊用洗衣機洗滌時，請選擇纖細衣物模式，並把牛仔褲內側外翻。機洗省時省力，但對牛仔褲的傷害也比較大，布料會受到嚴重衝擊，原有的深色調很快就會變淡。選用深色衣物專用洗滌劑並加入一瓶蓋的醋，有助於保護顏色。

── 保養特殊洗白效果的牛仔褲 ──

許多超高級牛仔褲的洗白效果複雜而細膩，並使用特殊的上等質料（例如用蠟或樹脂做過表面處理的蠟光牛仔褲），因此最好是送乾洗店。

ATTENTION 注意

靛青色非常容易脫染，所以如果你穿新牛仔褲搭配淺色的鞋子或衣服，要特別小心，洗滌後也得注意不要把新牛仔褲晾在其他衣服旁邊。

保養正確（不用洗衣機洗，不要太常洗）的優質牛仔褲會慢慢顯現好看的洗白效果，反映穿著者的生活習慣與個性。

第 九 章

鞋類保養
和上油

ENTRETIEN DES CHAUSSURES
ET CIRAGE DE POMPES

美麗的鞋履 需要你經常呵護

皮革是非常耐用的材質，但需要用心保養、清潔。

── 光滑皮革（小牛皮、羔羊皮、小母牛皮等）──

刷鞋：用柔軟的鞋刷去除鞋子表面的灰塵和泥污。

滋潤：皮革非常需要滋潤保養，不過許多人都忽略這道程序。良好的滋潤保養可以避免皮革因乾燥形成皺褶甚至裂痕。你可以使用鞋類專用的涵水保養霜，不過身體乳霜也可以達到同樣的效果。

＊用細柔的擦拭布（或舊T恤碎布）沾取適量保養霜。
＊以畫圓圈的方式將保養霜塗在鞋子表面，直到完全吸收。
＊靜候5分鐘等待乾燥。
＊用細柔的擦拭布或舊T恤碎布快速、輕輕地摩擦鞋面，把鞋子擦亮。

皮革恢復潤澤後又會慢慢變乾，因此必須定期滋潤保養，而且要上鞋油，恢復鞋子的防水效能。首先要讓皮革自然風乾：

＊回家脫下鞋子後馬上把鞋撐放進鞋內，也可以塞一些報紙吸收濕氣。

＊絕對不要用吹風機吹乾皮鞋，或把皮鞋放在暖氣旁邊，這是外行人最容易犯的錯誤。

＊給鞋子充分的時間自然風乾。就算鞋子比較潮濕，到隔天還沒全乾，你也應該有別的鞋子可以穿。等鞋子完全乾燥以後，用前述方式為鞋子做滋潤保養，然後靜置5分鐘。

上鞋油：鞋油的油質成分能夠滋養皮革，帶來防水效能，並使表面散發光澤。記得一定要使用天然鞋油（天然鞋油通常含有蜂蠟、天然油脂、天然染劑等成分）。

＊用擦拭布沾取少量鞋油。
＊以畫圓方式塗抹在鞋面。
＊靜置5分鐘。
＊用擦拭布抹去多餘鞋油，然後快速地擦亮鞋面，但不要擦太大力。
＊欣賞你的保養成果吧！

── 絨面皮革（麂皮、磨砂革）──

用細柔的刷子細心刷去皮革表面的髒污及灰塵。有些人喜歡用銅絲刷或生膠刷，這兩種刷子的研磨能力比較強，但可以重新刷出絨面質感，恢復色澤。

接下來使用油鞣皮革專用保養噴劑，均勻噴灑後等表面乾燥，然後順著皮毛方向輕刷鞋面。

最後噴上一些防水噴霧，再用銅絲刷刷一下，絨革鞋履的美麗外觀就可以延續一段時日。

ATTENTION 注意

鞋油的品質足以決定鞋子的壽命。切記避免使用超市販售的鞋油，這種普通鞋油雖然會讓鞋子立刻顯得光鮮亮麗，長期使用卻會使皮革變得乾癟。

3

REFLEXES

3 個
保養鞋子
的反射動作

---

1 ——————

鞋子不穿時裡面要放鞋撐。

2 ——————

皮質鞋底潮濕時，要在鞋子裡塞報紙然後側放，讓鞋子自然風乾。

3 ——————

每星期為皮面做一次滋潤保養（少穿的鞋兩星期一次即可）。

OU ACHETER
LES PRODUITS | 到哪裡
買保養產品？

在優質鞋店、鞋履修理中心以及專業網站（例如「鞋大師」MonsieurChaussure。com）都可以買到好的保養產品。法國市場上最值得推薦的品牌包括 Famaco、莎菲爾、Grison、Woly 等。

請備齊優質的保養用品，其中最基本的是鞋刷、保養乳霜和無色鞋油，然後依需求購買有色鞋油和有色保養霜。如果你有麂皮、磨面牛皮等絨皮鞋履，就得再添購一些專用保養品。

—— 鞋子髒污時的補救方式 ——

相信你一定很喜歡你的鞋子，也懂得好好保養，但意外總是難免！朋友可能不小心把紅酒灑在你的鞋子上，你也可能不小心把薯條或烤肉掉在鞋子上，留下頑強的油漬……

總之，你的皮鞋隨時面臨沾上污漬的危險。不過就算出事你也不必慌，有一種東西叫「高嶺土粉末」，可以助你一臂之力。這種粉末吸收油漬髒污的功效相當神奇，不過必須在弄髒時立刻施用。如果找不到這種產品，一般的爽身粉也具有類似功用。

如果髒污已經形成數日，建議使用莎非爾牌等品牌的去污劑，如萬用皮革清潔露（Réno'Mat），絨面皮革則可選用麂皮清潔露（Omnidaim）。另外，市面上也有一些專供清潔絨皮的橡皮擦（外觀類似一般橡皮擦），用這種橡皮擦輕輕擦拭，便可去除麂皮、磨面牛皮等皮革表面不太嚴重的髒污。

如果你居住的地區經常下雨，就要用防水噴霧保養絨面皮鞋。但不可用於平滑皮革，以免皮革無法呼吸。

鞋撐、鞋底、表面防護

皮革是非常耐用的材質，但需要用心保養、清潔。

—— 防水保養 ——

皮革這種材質不喜歡水，但如果完全碰不得水，也很令人頭痛。因此，為皮革做好防水工作是很重要的功課。

首先要注意的是，不要買大賣場的便宜防水噴劑。這種產品雖然很普遍，可是對好皮革而言卻是毒藥，因為這種便宜噴劑含有矽膠微粒，會使皮革無法呼吸，長久使用下來皮革會變得乾癟難看。

幸好我們還是可以買到品質良好的防水噴劑，如莎非爾的防水防污噴露（Invulner），這些噴劑可以有效保護鞋履免受水分及油污侵襲。

鞋子買到手後馬上做防水保養，然後每隔兩、三個月保養一次。多雨或下雪的冬天很容易把鞋子弄濕，因此可以更勤快地保養，不過以一星期一次為限。

上鞋油也能保護皮革不受風雨侵襲而損壞。

每年一次，你可以試著在皮面上塗一層清潔乳劑，如莎非爾牌的萬用皮革清潔露（Réno'Mat），這種產品有如皮革的卸妝保養品，可以為皮革毛孔進行深層清潔，去除皮革上殘留的保護層（防水噴劑、鞋油等）。做完這道手續時皮革的色澤可能略微變深，不過不必緊張，等乾了以後鞋子就會像剛買時那樣清新亮麗。

鞋撐

這項配件的重要程度超乎一般人的想像，因為鞋撐確實可以讓鞋子在飽受穿著者「折磨」後獲得良好休息，正式鞋款尤其如此。

足部在鞋履中會釋放濕氣，因此穿著過後要「除溼」。鞋撐可以撐開鞋子，讓皮革更容易風乾，鞋子就不容易起皺褶及變形。

現在你知道鞋撐的重要性了，接下來就是挑對產品。市面上有多種不同材質的鞋撐，其中吸水能力最好的是雪松及山毛櫸材質，一雙大約 30 歐元（編注：在台灣，市面上品質良好的原木鞋撐價格大約為兩千三百元到三千元之間）。鞋撐可以按照鞋子尺寸調整長度及寬度，不過皮鞋只要撐得剛好就行，不要撐得太緊。可能的話，買鞋撐時把鞋子帶在身邊，要求店員讓你試用。

每天回家脫下鞋子後，記得馬上把鞋撐放進去。如果鞋子弄濕了，放入鞋撐後要讓鞋子側立，這樣比較快排除水分。

買好的鞋撐當然是一筆小開銷，但能夠有效延長鞋子的壽命。而且鞋撐不會磨損，可以用上一輩子，只是在氣候潮濕的地區，木質鞋撐要注意保持乾爽。

鞋撐是鞋類保養的必要投資項目，而且最好選購雪松木製作的無上漆鞋撐。鞋撐可以大幅延長鞋履的壽命，並減少皮革起皺褶的機率。

加鞋底墊及換鞋底

高品質的德比鞋或牛津鞋經常採用皮革外底。這種鞋底美觀大方而有質感，卻很容易磨損，造成鞋子容易打滑，日久後甚至會形成破洞。

所以我們最好請鞋匠來補強這類鞋子（你可以請親友推薦好的鞋匠，甚至請高級鞋店的店員推薦會更好）。所謂好鞋匠就是真正專業的修鞋師傅，而不是在修鞋空檔還可以幫你打鑰匙的萬能工匠。

修鞋師傅會在鞋底裝上「鞋底墊」。這是一種橡膠或生膠製的墊片，可以有效保護鞋底，延長壽命。這項工作對於皮面內翻縫合（布雷克工法）的鞋款特別重要，因為這種鞋子無法更換鞋底（至少極為困難），採用沿條縫製法（固特異工法）組裝的鞋子則比較沒有這個問題。鞋底墊可以增厚鞋底，如果作工夠講究，基本上完全看不出痕跡。

鞋子買來穿過幾天，變得足夠柔軟時，通常就是首次裝鞋底墊的最佳時機。此後多久裝一次，就看你多常穿這雙鞋。建議你多跟師傅聊聊，專業的師傅對鞋子充滿熱情，比任何人都了解鞋子。

比起裝鞋底墊，更換鞋底更為艱鉅而昂貴。換鞋底就是把鞋子的大底整個換掉，這項工作一定要找你完全信任的師傅，而且只有品質精良的高級鞋款才值得你這麼做。

NOTE 貼心提醒

別忘了向修鞋師傅打探他喜歡修理哪些品牌的鞋子。有些西服品牌會在顧客購買西裝時順便推銷價格高昂卻採用黏貼鞋底的鞋，這種事尤其令修鞋師傅憤怒。師傅會很樂意分享他的豐富經驗，告訴你哪些品牌的鞋子真正耐穿。

布朗東，請介紹一下自己。
大家好，我是布朗東，Naked & Famous Denim 創辦人。我們家族製作牛仔褲的歷史已經超過 65 年，所以我體內流著靛藍色的血液。

為什麼大家稱你「牛仔褲狂人」？
因為我們的產品真的相當瘋狂，我們會使用克維拉纖維（譯注：防彈背心的常見材質）、鋼絲、喀什米爾羊毛等各式各樣的材質來製作丹寧布。我們還開發出會隨溫度改變顏色的牛仔褲，以及全世界最重的牛仔褲！

你製做過最瘋狂的牛仔褲是什麼？
當然就是全世界最重的牛仔褲！重量相當於三條一般牛仔褲，我們保證「穿起來絕對不舒服，否則全額退款」！

你已經做出完美的牛仔褲了嗎？
我不知道「完美的牛仔褲」是否存在……我們只知道要用最好的材料做出性價比最高的商品。

Naked & Famous 這個品牌的創作靈感來自？
我們有個特別的訣竅……眾所皆知，八到十歲的孩子腦筋最靈活也最有創意，不時會迸出好點子，所以我們做設計時，會試著讓心智重回童稚時期。這件事一點也不難，因為我們都還是孩子！

如何辨識優質的丹寧布？
首先看標籤上的資訊：這條牛仔褲在哪生產？面料成分是什麼？然後要細心觸摸，留意細節……注意，好的牛仔褲也可能含有一些彈性纖維。每個人都可以依據自己的喜好選購牛仔褲，沒有什麼一定的規矩。

你特別注意哪些製做細節？
像我們這種「正統派牛仔褲擁護者」重視的細節非常多，我最喜歡捲起褲腳時可以看到鎖鏈車縫線的牛仔褲，因為這就表示這條褲子的丹寧布出自傳統的織布機。

什麼是「布邊丹寧布」？
布邊丹寧布（selvedge denim）是用傳統梭織機紡織的丹寧布。這種丹寧布採用兩條互相交叉的紗線，垂直的經紗是靛青色，水平的緯紗是白色。在古老的織布機上，每次經紗穿過時機器都會自動收邊，這就是英文「selvedge」的由來──self（自己）＋ edge（邊緣）。布邊丹寧布除了經久耐用和捲起褲腳時比較美觀以外，以傳統織布機製成這點特別令我們中意。這種機器的生產力當然遠不及現代紡織廠的設備，但品質卻遠遠超過後者。布邊丹寧布在製作上比較困難，可是每塊布都具有獨一無二的個性，因此也特別珍稀。

市面上有些丹寧布外觀看似布邊丹寧布，這種布料的品質好嗎？
布邊丹寧布越來越受歡迎，因此巴基斯坦、中國、印度、泰國等地方的紡織業者紛紛投入生產，但他們鎖定的是大型成衣連鎖品牌，布料品質沒有保障。我們公司只做高品質產品，無論牛仔褲或襯衫、都是百分之百使用高級日本布料。

布朗東‧史瓦克（左）創立了 Naked & Famous，被稱為「牛仔褲狂人」，巴札德‧特里諾斯（Bahzad Trinos）是他的左右手。

你對非布邊丹寧布有沒有興趣？
當然有！雖然我們的產品有八成採用布邊丹寧布，不過我們也使用彈性材質、喀什米爾羊毛等不同材質製做比較有流行感、不同於原色牛仔褲的款式。不過請注意！我們的其他布料也都和布邊丹寧布一樣，全來自日本。

牛仔褲該怎麼洗？
原色牛仔褲其實沒有太多洗滌規則，這種丹寧布的好處就是，可以愛怎麼洗就怎麼洗！不過我們的建議是，當你認為牛仔褲需要洗滌時，用冷水清洗，然後掛起來自然風乾。

你對洗白牛仔褲有何看法？
我不喜歡預先洗白的牛仔褲！買那種牛仔褲不就像是用新車價向代理商購買損毀的車子嗎？如果你想買那種牛仔褲，找我們就錯了。

採訪影片請見 bngl.fr/brandon

這個品牌提供多種以頂級日本丹寧布製作的商品，而且設計充滿趣味。

OPÉRATION SHOPPING: POUR DES ACHATS INTELLIGENTS

治裝行動：聰明採買術

CENTRE COMMERCIAL

體貼錢包
的預算配置法

BUDGÉTISER SANS SE TROUER LES POCHES

重點是你的心理狀態
而非財務狀態

這裡有個重要觀念，就是花多少錢治裝是自己
的事，與別人無關，所以請不要大肆談論價
格。這樣你才能夠安心地探索穿搭風格，而不
需顧慮別人的眼光。

為什麼這麼說？首先，衣服的品質優劣從剪
裁、質料、做工等方面就能輕易辨別。真正掌
握穿搭風格的人，重視這些細節的程度遠勝過
價格或品牌。而我們也必須承認：有些人對時
尚毫無興趣，這類人完全無視細節以及我們對
治裝的用心，我們無需為此失望。

避免談論衣物價格還有另一個考量：法國也如
同其他地方，人與金錢的關係不方便明講，這
事多少屬於禁忌話題。

此外，社會普遍認為男人應該把錢花在 3C、
旅遊等，而不是服裝，因此重視穿搭風格雖然
是合理正當的事，但大方公開自己的治裝預算
還是容易招惹閒話。

關於治裝這檔事，有個非常簡單的預算管理
原則可以為你省掉許多麻煩：如果某件衣物
的價格讓你猶豫，那就表示你暫時沒有足夠
的財力購買，硬要花這筆錢遲早會傷害你的
整體預算配置。這項原則其實也適用於生活
的其他層面。

學會聰明採買術，花小錢也可以輕鬆打理出好看的外型。

ATTENTION 注意

雖然穿著風格很重要，但絕不要為了治裝犧牲
社交生活。如果你為了買一件高級大衣，一、
兩個月都無法跟朋友聚餐或出遊，那就放棄購
買的念頭吧，先買件中級品就好。

具體而言，預算該如何分配？

我們最常犯的錯就是不按部就班，立刻就要買下某件特別搶眼、有個性、夢寐以求的衣物，以為只要擁有這件衣物，整體造型水平就會三級跳。立即購買的風險是，接下來你很可能荷包乾癟，而且會忽略適合你的基本款服裝，但其實後者才是建立穿搭風格的骨幹。

你應該優先選購以下這些好搭的基本單品：一件正式西裝外套、一件剪裁優美的大衣、幾件低調素雅的單色襯衫及 T 恤、一條正式長褲、一條牛仔褲、一雙正式皮鞋、一雙好看的休閒鞋，以及一件在冬季能加強保暖，在春秋季也很好用的 V 領毛衣和開襟毛衣。

這樣的衣櫥內容乍看可能有點單調，不過基本款服裝的一大優勢是，容易組合出合宜的穿搭，也能搭配其他類型的衣物。因此，建立堅實的穿搭風格基礎是入門者的必要投資。好的牛仔褲或鞋履當然不便宜，但能保證品質良好而且耐穿。

如果某件衣物
的價格讓你猶豫，
那就表示你沒有
足夠的財力購買，
硬要花這筆錢
遲早會傷害你的
整體預算配置。

不同的支出項目需要不同預算

牛仔褲必須有一定品質，才會越舊越有味道，版型也才會隨著穿著者的體型慢慢改變。價格低於某個水平的牛仔褲容易破損變形，對你的穿搭沒有任何幫助。

牛仔褲

因此，不要購買廉價品牌的牛仔褲。如果你的預算是 50 歐元左右，那就考慮 Cheap Monday 的產品或 Uniqlo 的原色牛仔褲。

至於中階牛仔褲（80 到 100 歐元）部分，The Unbranded Brands、Balibaris、RSN 是很好的選擇。COS 也算不錯，不過品質略遜於前三個品牌。

牛仔褲的購買預算最好一開始就投資在採用日本布料的優質產品。花個 130 歐元，你可以在 Renhsen、Naked & Famous、Études、A.P.C. 等品牌挑選到至於愛不釋手的牛仔褲。如果不方便親自到店選購，這些牌子基本上都可以在網路上購買。要是你無法確定尺碼，那就先買兩個可能合身的尺碼，實際試穿後再退回不適合的那件（記得先確認店家的退貨方法）。

T 恤

最偷懶的方式是到連鎖賣場 Monoprix 之類的店家選購，不過你也可以參考品質更優、更耐穿的 American Apparel 或 COS。無論如何，最好不要買低於 50 歐元的中低價位 T 恤，除非這件 T 恤的圖案非常美麗，或者用料獨特，而且做工十分精細。

鞋子的品質是沒法騙人的，劣質鞋容易磨損變形，很快就會走樣，甚至會傷害你的腳及背部。

購買一雙正式鞋款的基本預算是 150 歐元。在法國，LodinG、Finsbury、Markowski 這三個優良入門品牌都值得考慮。接下來是 250 到 350 歐元的中階鞋款，可考慮 Septième Largeur、Altan 等品牌。

運動休閒鞋的價位則比較有彈性。German Army Trainers 之類的軍事風格鞋款價廉物美，義大利海軍運動鞋也是很好的選擇，在二手店 25 歐元即可購得。Lanvin 等品牌的高級運動休閒鞋風格獨特，而且經久耐穿，不過一雙價格高達 400 歐元左右。

BON PLAN 好點子

National Standard 非常值得考慮，這個牌子的產品和某些奢侈品牌出自相同的工廠，但沒有高昂的行銷支出，因此價格相當合理。如果你的預算還算充足，可以先買這類 150 到 200 歐元的鞋子，等你找出最適合自己的風格以後，再來購買知名設計品牌（如 Lanvin、Dior、Balenciaga 等）的產品。

大衣

幾年前在中等品牌店家花 150 歐元還可以買到不錯的大衣，但目前由於原料價格水漲船高，這個價錢只能買到天然纖維和合成纖維混紡的普通大衣。

現在如果要買到物美價廉的優質大衣，可以到 COS、Uniqlo 等店家看看，預算大約是 200 到 250 歐元。

如果你願意花 300 歐元，那就考慮品質高一

等的 Balibaris。450 歐元左右的大衣可以到 Melindagloss、Surface to Air、La Comédie Humaine、Kai-aakmann 等店家選購（優質大衣品牌族繁不及備載，在此只列舉上述幾家供參考）。

ASTUCE 小訣竅

不妨上 eBay 之類的拍賣網站尋寶，在那裡你很可能用 150 歐元左右就能買到 Crockett & Jones、Altan 等優良品牌的新鞋款。

German Army Trainers 是德軍的配發鞋款，多年來激發了數以百計的設計師無限靈感。在二手服裝店或軍事用品店不用 30 歐元即可購得。

某些奢侈品牌也有類似風格的運動休閒鞋款，不但質料絕佳（漆面皮革、絕美的翻面皮革、編織皮革等等），設計也非常講究。

正式西裝外套

如果你的預算不多，而且很少穿到正式西裝外套，建議你前往 H&M 或 Zara 選購。這些品牌每季都會推出質料合宜（至少 70% 天然材質）的西裝外套，一件不到 100 歐元。盡量多試穿並比較質料，就不難找到適合的好商品。

至於價格略高，品質也更上一層的品牌，我們同樣首推 COS。

接下來是 300 歐元左右的產品，包括 Filippa K、Ly Adams、Melindagloss 等等。這些品牌的西裝外套雖然不便宜，但質料更講究，也更加耐穿。如果你經常穿西裝外套，這是最值得考慮的選擇。

襯衫

襯衫由於時常接觸身體，持續承受摩擦與汗水，因此必須經常洗滌，磨損速度也比較快。常穿的襯衫通常只能穿兩到三年。因此，我們不需要在這個品項上做太大的投資。

一般而言，一件襯衫的價格不應超過冬季大衣的五分之一。最近幾年市面上正好出現大量價位在 50 到 60 歐元的優質襯衫，包括 Hast、Maison Standards、Danyberd、Ben Sherman、COS、Bruuns Bazaar 等品牌。如果你有機會到英國治裝，別忘了造訪 Charles Tyrwhitt、TM Lewin 等店家。

偶爾會穿到的晚宴襯衫是比較特殊的單品，可以考慮 Melindagloss、Marchand Drapier、La Comédie Humaine 之類的品牌，每件大約 120 到 150 歐元，雖然價格相當昂貴，但可以讓你顯得高尚體面。

毛衣

Uniqlo、Monoprix 等品牌對毛衣類產品十分用心，推出以 100% 天然材質製做的優質毛衣。

不過購買前還是要注意材質標籤，因為某些品項的合成纖維比例還是偏高。

一些比較小眾的獨特品牌能夠提供很好的中級商品，例如 Maison Standard（每件 50 歐元），或 Six & Sept 經銷的義大利針織品（100 歐元左右）。

接下來則是 150 到 200 歐元的單品，包括 Monsieur Lacenaire（專門生產純羊毛及羔羊駝毛製的服裝）、Melindagloss，還有以品質優越的喀什米爾開襟毛衣聞名的 Tigersushi Furs。

如果你特別講究獨創性，財力卻不夠雄厚，那麼你可以在網路論壇和私人廣告網站找到一些原價令人望而興嘆的品項。例如照片上這件 WJK 襯衫在專賣店的價格是 800 歐元，但在 Styleforum 時尚論壇只要 180 歐元就能入手。

第 二 章

管住信用卡
的好辦法

LES BONS PLANS POUR DOMPTER
VOTRE CARTE BLEUE

不要再花血汗錢
買原價商品

你一定以為用半價買到奢侈品的機會不是常常有。且讓我們跟你分享一個祕密：只要掌握訣竅，你甚至可以花**更少金額**買到頂級商品。

當你的穿搭風格逐漸進步，你會遇上一個弔詭的現象：你買的奢侈品項越多，花的錢反而越少。筆者讀大學時，同學老是問我們怎麼有辦法靠打工薪資買到店頭價 350 歐元的 Dior 或 Margiela 休閒鞋。

答案很簡單，因為我們常跟店員聊天，而且積極搜尋優惠商品。然後我們跟很多人分享我們的購物秘訣，其他人也開始跟我們分享他們的點子。目前，我們大約可以用原價四分之一的價格買到頂級商品。

內行人就是有辦法看準時機花小錢買好東西，所以，現在就開始跟他們交流吧！不出幾個月，你甚至會開始納悶，怎麼有人願意花大錢買昂貴衣服呢。

折扣季採購守則

一位偉大的軍事家曾說，戰局輸贏在開打前就已決定，因為勝利的關鍵在於準備工作。同理，在媒體及商店櫥窗大舉宣布折扣季正式展開以前，我們就應該做好備戰工作。「開戰」當天，你必須對戰場瞭若指掌，你早已確定自己要前往哪些商店，店裡有什麼商品，而你打

算買哪些品項。以下提供一些事前準備要點，以及幾個專家祕訣。

—— 折扣開始前 ——

牢記自己的尺碼，因為打折期間店內人潮洶湧，你不見得有時間慢慢排隊試穿或換貨。

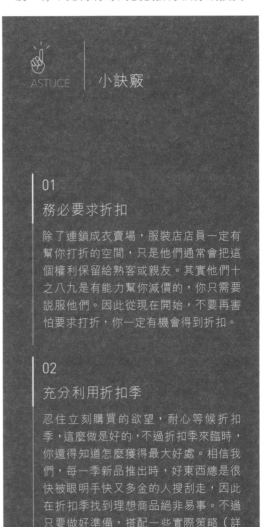

ASTUCE ｜ 小訣竅

01

務必要求折扣

除了連鎖成衣賣場，服裝店店員一定有幫你打折的空間，只是他們通常會把這個權利保留給熟客或親友。其實他們十之八九是有能力幫你減價的，你只需要說服他們。因此從現在開始，不要再害怕要求打折，你一定有機會得到折扣。

02

充分利用折扣季

忍住立刻購買的欲望，耐心等候折扣季，這麼做是好的，不過折扣季來臨時，你還得知道怎麼獲得最大好處。相信我們，每一季新品推出時，好東西總是很快被眼明手快又多金的人搜刮走，因此在折扣季找到理想商品絕非易事。不過只要做好準備，搭配一些實際策略（詳見下文），省錢省力買到理想商品也可以變得相當輕鬆。

＊盡可能在折扣季**開始前**就到店裡試穿你想買的衣服。

＊事先「探勘」，做好充分準備。主動詢問店員哪些品項會打折，折扣是多少。這樣一來，你不但可以預先分配預算，也可以避開折扣潛力低的店家，節省你的時間。

＊勇敢地詢問店員可不可以幫你保留某些品項，並向他保證折扣季當天你會衝第一個到店購買。如果你志在必得，甚至可以考慮留一張支票做擔保。

＊偷偷告訴你一個小訣竅：神不知鬼不覺地把你想買的服裝挪到陳列架後側，甚至稍微隱藏起來，這樣可以提高你在開戰當天買到該件衣物的機會。

記得將可以事先取得的資訊做成筆記，並依據各個店家的地理位置及商品吸引你的程度，列出造訪的時間順序。

── 折扣季開始時 ──

折扣季展開當天上午，你應該優先造訪百貨公司，因為百貨公司的好貨真的非常搶手。搜刮到好東西後，可以吃個午餐輕鬆一下，然後從容前往比較小的特色服裝店。

連鎖成衣店可以排到最後，因為對這類店家而言，折扣季基本上是為了促進買氣，而不是為了出清。基於這個理由，他們甚至會特別為折扣季推出新商品，但消費者不要以為買到這些商品是撿到便宜，因為這種商品的品質經常低於平常水準。

還有一個很實用的訣竅是：穿能為你節省試穿時間的衣物，例如簡單的牛仔褲、T恤、休閒鞋，這樣你才能試穿更多衣服。就算試衣間外面大排長龍，只要你對某件衣服的尺碼或風格感到猶豫，就絕對不能省去試穿這步驟。價格打折不表示你對穿搭風格的要求也可以打折。

折扣季期間，不妨多多利用 FrenchTrotters 之類的多品牌商店，在那裡可以找到許多（真正的）優惠商品。

五種不可錯過的機會

── 私人特賣會或媒體銷售會 ──

在此我們要告訴你購買最優惠商品的訣竅。你知道什麼是私人特賣會嗎？

私人特賣會類似一般商店的折扣季，通常在正式折扣季開始前一或兩星期舉行。高級品牌店經常舉辦這種折扣季前的特別銷售，只有拿到邀請卡的幸運兒才能前往，比一般大眾更早選購優惠商品。

店家舉辦特賣會一方面是為了討好媒體記者及其他相關人士，一方面是對忠實顧客表示感謝。不難想像，這是買到絕佳商品的大好時機，好東西會在這裡先被品牌邀請的貴賓

挑走，剩下的商品才會在折扣季與一般消費者見面。

有些辦法可以把你送進私人特賣會，但必須在折扣季開始前一、兩個月就展開行動。如果你很喜歡某些高級品牌，請及早閱讀這些品牌的臉書等粉絲專頁，有些品牌會在特賣會前幾天邀請粉絲列印邀請卡，憑卡參加特賣會。就我們所知，Maison Martin Margiela、Melindagloss、Damir Doma 這些品牌都為粉絲提供這個「特權」。平時你跟店員建立的良好關係此時也可以派上用場，因為這時你可以主動請他們送邀請卡給你。

此外還有一種方式，但你得厚起臉皮。首先你要穿得盡可能體面，並且毫不猶豫地拿出你最新最潮的裝扮。然後你抬頭挺胸地走進店內，開門見山地問：「您好，我今年沒有收到私人特賣會邀請卡，請問你們還有在辦嗎？」有時這句話真的可以造就奇蹟！

不過最簡單的辦法非網路莫屬。許多時尚愛好者會在論壇或網站上分享他們的祕訣，或免費供網友列印邀請卡。特賣會將近的時候，別忘了留意網路資訊，你將得到意想不到的好處。

—— 清倉特賣會及其他年度折扣 ——

這類活動是為了出清先前的促銷活動中沒有賣出的商品。這時好東西顯然不會很多，其中甚至會有五年前就已經下架的超級滯銷品。雖然整體而言這類銷售會不太吸引人，不過如果我們願意花時間、精力耐心搜尋，還是可能以一折價買到設計師商品。

對入門者而言，這種銷售會有如雜亂的市集，大量衣物堆放在地面或擁擠地掛在置衣架上，現場三教九流川流不息，他們大肆搶購只是因為商品上貼有名牌標籤，或價格真的低到不行。不過只要你能耐住性子、保持

理智，並發揮一點想像力，還是有可能在亂哄哄的現場挑揀到難能可貴的好貨。（編注：台灣讀者可以上網搜尋「特賣會情報」或「台茂購物中心」等關鍵字，就有機會找到離你最近的特賣會。）

—— 找到好東西時對某些小細節要睜一隻眼閉一隻眼 ——

消費者放棄購買某件服飾的理由往往非常具體，可能是某個設計細節不討喜，或剪裁樣式略微誇張。這類商品如果折扣不錯，不妨大膽買下來，事後再請師傅修改。

筆者就曾經以 50 歐元買到一條非常好看，但原價高達 400 歐元的 Gustavo Lins 長褲。這條褲子的質料高級到不可思議，剪裁完美無瑕，細節充滿獨特個性，唯一的問題是喇叭褲管。這有什麼關係！花 10 歐元請師傅把褲腳改窄，就成為令人艷羨的菸管褲了！

—— 網路購物 ——

在所有購衣管道中，網路的風險最高，原因很簡單：沒法試穿。不過網路上有無數平常難以想像的優惠，如果怕出錯，只要到實體店試穿同一款衣物，然後在折扣網站下訂就可以了。這件事聽起來很簡單，卻不是每個人都會想到要這麼做。如果在實體店面找不到相同款式，網路購買就會有相當風險，這時你要選擇有退貨退款服務的網路商店（注意，是現金退款而不是等值購物券）。

在網路上找到中意的服裝品項後，一定要利用搜尋引擎尋找折扣代碼。輸入商品名稱、店家，以及「折扣代碼」（或「折扣券」、「優惠」）等關鍵字搜尋，往往可以找到下單享九折或八折優惠的代碼。

另一個取得折扣券的辦法是臉書及推特。建議您加入筆者所推薦的網路商店粉絲專

頁（見附錄），你會發現這些粉絲專頁真的提供很多優惠。店家會針對淡季、折扣季或耶誕節、復活節等買氣旺的期間，提供各式各樣的限期優惠券，或者提供部分商品的特別折扣。asos.com、yoox.com 以及 luisaaviaroma.com 等網路商店都經常推出這類活動。

—— 網路上的二手交易訊息 ——

網路上的二手交易訊息可以說是挖寶的最好機會。commeuncamion.fr、superfuture.com、stylezeitgeist.com、hypebeast.com、solecollector.com 等討論區的會員經常以遠低於店頭價的價格出售他們的服裝，原因可能只是「不符合我現在的穿搭風格」、「買錯尺碼」，「急需現金」等等。

這些服裝之所以在網路上出售，很少是因為剪裁或品質不佳。為什麼會這樣？答案很簡單，首先這些人都是時尚熱愛者，本來就不會亂買東西。其次，他們不需要為了區區幾十歐元，搞壞自己在網路上的名聲。因此，我們可以安心地跟他們交易。

還有一點好處是，我們可以直接問賣家一些關於尺碼或其他方面的具體問題（例如：「這件大衣冬天穿夠保暖嗎？」），而且可以討價還價一番。

不過我們還是要遵守討論區的規則：在開始留言以前，先發文自我介紹，與其他會員交流，設法為討論社群帶來貢獻，不要發表沒有根據的意見等，不然可能會招致某些「討論區正統派」的白眼。（有時他們真的很強調「正統」！）

優惠也可能害你花冤枉錢

在這個介紹各種妙招與訣竅的章節末了，筆者要提醒讀者一件重要的事。我們提供這些訣竅是為了幫助大家用比較省錢的方式迅速建立完備而功能良好的衣櫥內容，打造合宜的個人穿搭風格。但有些人學了省錢訣竅後很容易犯下一種錯誤，就是讓省錢變成多買的藉口。切記，不要因為便宜就亂買一通。

千萬記得，一定要維持良好的購物習慣：把服裝的剪裁、品質及合身度擺在第一位。**便宜絕對不是購買的主要原因。**價格低廉的商品隨處可見，不要看到就買。也不要被折扣季的購物氛圍影響，結果買下太昂貴或完全不需要的東西。一套一折價出售的西裝，如果尺碼不適合你，那就是錯誤的選項，除非你確定能夠找到好的裁縫師，把這套西裝修改到完全符合你的身材。另外，我們建議不要到 Spartoo、Sarenza 等網路商店選購衣物，雖然你可能曾在某些部落格上看到這些店家的連結，甚至是專文推薦，但這些網路公司的經營模式是以量取勝，品質並非他們關注的重點。

第二，如果你不夠警覺，就算只買優惠商品，最後也可能花了太多錢，不僅買到不適合的東西，也讓自己大幅透支。因此，每次購買一件衣物前，務必花一點時間思考，你所投注的金錢能否替你的穿搭風格帶來相應的報酬。別忘了，Rick Owens 的 T 恤就算打四折，還是要100 歐元，花這樣一筆金額可得審慎考慮。

只要發揮一點耐心並冷靜思考，你就可以用意想不到的低預算買到超優惠的優質衣物，紮實地建立起你的理想衣櫥。你的衣櫥內容需要更新的頻率也會變得比過去低，因為你已經懂得購買耐穿的好衣服了。因此，就算最初的治裝支出頗高，最後你還是贏家。精通聰明採買術只有一個缺點：你再也不能抱怨衣服價格，享受發牢騷的樂趣了！

第 三 章

令人眼花撩亂的
男裝市場：上哪買衣服？

LOST IN TRANSLATION :
OÙ FAIRE DU SHOPPING ?E

知道去哪裡買衣服

所有地方都買得到好衣服

有些人以為治裝靠本能，這樣想就錯了，忘掉這個想法吧。

相反地，買衣服需要理性思考。首先要找出你居住的城市有哪些好店。相信我們，好店到處都有。如果你住在小鎮，不妨花一天時間前往鄰近的大城，找出那裡的優質服裝店。

很多法國人以為只有在巴黎才買得到優質好衣物，這種想法大錯特錯。我們可以肯定地指出，法國所有大城市都有優質的高級服裝店。當然這些店家的商品內容不見得全都令人驚豔，但好店家確實不少。

例如我們可以在羅亞爾河地區的中型都市圖爾看到 Commune de Paris 的專賣店，在諾曼地的濱海度假城市多維爾看到 Dior 男裝店，在北部工業大城里爾看到 Rick Owens，在南部科技重鎮土魯斯看到 Wooyoungmi，在普羅旺斯古城亞維儂看到 Faliero Sarti。中階品牌（也是筆者特別關注的）更不用說，只要稍具規模的城市都不難看到。

ATTENTION 注意

如果你堅信自己住的城鎮沒有好東西，請先把眼睛擦亮。我們跟你打包票，那裡一定還有很多你不知道的珍貴寶藏等待挖掘。

找出居住地的最佳服裝店

到市區逛逛，走一些平常不會經過的街道。許多好店不像大型成衣連鎖店般設在大街上，而是隱身在巷弄間，在市區裡開車時是看不到的。

巷弄的店面租金比較低廉，有些商家則選在具有歷史的建築物裡開店，藉此展現獨特風格，這些都是個性店開在這類地點的原因。此外，這種選址方式也可幫店家過濾掉一些非目標客群。

當你找到這樣的店，可以跟店員聊聊他們喜歡其他哪些店家。他們的建議可以引領我們找到一些遺珠，而且不限服裝店，可能還有有趣的音樂餐廳、酒吧等等。在隨意的漫遊、談天中，我們會得到種種意外的驚喜。

首都圈以外地區該怎麼採購？

出了首都圈，想買到美麗的優質大衣可能有點困難，因為整體而言，中小型城鎮在這方面確實不盡完美。這時我們有三個選項。第一是到大眾成衣賣場挑出那唯一一件好看的大衣（購買後可能還需要稍加修改）。第二個辦法是到當地的拉法葉百貨或春天百貨等大型商場，那裡或許可以找到體面的大衣。不過這的確比在巴黎困難，因為某些地區的百貨公司選品經常缺少現代設計師作品。第三個選項就是造訪城裡的小型精品店，在那裡會有機會找到好大衣，而且風格遠勝過大眾成衣店的款式。

購買優質牛仔褲則不成問題。除了隨處可見的 A.P.C. 以外，法國的中型城市也經常看得到 Edwin 甚至 Nudie 的店。假如你找不到這些品牌，那就在折扣季造訪 Diesel。Diesel 牛仔褲紮實耐穿的程度雖然比不上以日本布料製作的其他品牌，但提供各式各樣的剪裁，不同身材的人都能容易找到適合的款式，而且擁有許多美麗的原色款式。如果你的預算比較緊，那

其他省份的服裝店大體上可以滿足我們的治裝需求，不過巴黎仍是重新打造個人衣櫥及蒐羅好貨的寶庫。

就考慮 H&M、Zara 這類店家，他們的原色牛仔褲除了價格實惠，品質也不錯，只是不夠耐穿，常穿的話一年就磨損走樣了。

鞋履方面，預算不多的消費者建議前往 Minelli、André 等平價連鎖店選購。在巴黎以外省份，百貨公司的鞋履專櫃往往會有幾雙很好的中級鞋。如果你的預算比較充足（例如可以花 300 歐元買一雙鞋），那就前往專門精品店。如果你找不到這樣的店，就到品質良好的服飾店，請店員幫你推薦就對了。

要有耐心，挑貨不要怕花時間，只有這樣才能找到物美價廉的好商品。

好的襯衫和 T 恤在任何地區都很容易購買，而且各種價位的品項一應俱全。

到巴黎採購男裝

到巴黎採購男裝？很好的選擇，而且就法國而言，巴黎無疑提供最多元的等級和風格選擇。

折扣季是在巴黎撈到好貨的最佳機會，假如你的目標是購治好穿好搭的優質基本款，那你肯定很快就能賺回火車或機票錢（尤其是如果你買的是早鳥票）。在巴黎住宿很貴，不想多花旅館錢的話，連絡一下住巴黎的朋友吧！

在巴黎購買男裝首推瑪黑區，由巴黎市政廳往北，共和國廣場以南，都屬於這一區。這個地段有許多精品店提供令人驚豔的商品，價格也適合不同預算的消費者。（詳見 186 頁的店家資訊。）

不過我們要提醒你，有些常登上時尚雜誌的店家（例如 The Kooples、Sandro、Zadig & Voltaire 等），雖然店內商品的設計風格都很有趣，價格卻遠高於品質。

第 四 章

下手原則：
買你想穿而不是想丟的

PRÊT-À-PORTER ET NON PRÊT-À-JETER

連鎖成衣店是學習治裝的良好場所

Zara、H&M、Gap……這類連鎖成衣店之於時尚，有點像速食之於餐飲。速食店的價格不貴，食物也算可口，一個月造訪一次可以獲得略帶罪惡感的滿足。可是東西吃完以後，我們總會告誡自己應該聰明點，把錢花在更好的地方。然後過了一個月，我們又忍不住登門消費了。

不過，就算到速食店用餐，我們也可以點沙拉，避免整餐都吃垃圾食物。造訪大眾成衣連鎖店也是一樣的道理：消費者只要具備基本知識及一些自制力，就可以買到不錯的商品。

成衣連鎖有一個很大的優勢：價格低廉。當然，店內有許多商品品質有待改進，但還是不難找到讓人眼睛一亮的好東西。因此，成衣連鎖對預算有限的人來說，當然是理想的治裝地點。這裡也是初學者花小錢學習治裝的好地方，如果犯了錯，付出的成本比較容易承受。

如何在成衣連鎖店挑選服裝

前面提到，大眾成衣連鎖店的服裝大多有些無趣，值得購買的可能不到5%（其實許多高級品牌也是如此）。原因之一，是大眾成衣品牌所鎖定的目標客群，正是對穿搭風格沒有什麼概念的「大眾」，因此商品也以符合他們的（低）期待為考量。整體而言，這些服裝價格低廉，但品質和設計都很普通，剪裁也只是勉強過得去。所以造訪這些店家一定要小心，不要因為低價，就降低自己的標準。如果你想在這裡買到好貨，千萬記得治裝三大原則：合身、品質、剪裁。**在這三點上你一定要堅守高標準！**

留意大眾品牌的精品系列

不管哪家連鎖成衣店，真正合宜的服裝並不多見，所以常常要走訪好幾家店，瀏覽數不清的商品之後，才會找到你想要的優質服裝。為了提高找到好衣服的機率，你可以把焦點放在大眾成衣品牌的精品系列，包括：

* H&M Trend 系列（這些服裝會別上紫色商品標籤）
* Zara Premium 系列（商品標籤附有小鍊條）
* 與高級品牌聯名合作的服裝系列（例如 H&M x Lanvin、Uniqlo x Jil Sander、H&M x Lagerfeld 等）。

接下來可以看看各個品牌的經典系列商品，但一樣要用高標準檢驗合身度、品質和剪裁。

選擇品質精美、剪裁良好的簡單款式，搭配一項搶眼的個性元素（例如亮皮鞋頭的休閒鞋），就能打造出眾外型。

辨別顏色品質

大眾成衣品牌的產品價格之所以低廉，主要是因為降低了布料染整作業及染劑的品質，藉此控制成本。要學會避免購買顏色品質顯得廉價的商品——簡單說就是色澤渾濁、不飽滿的衣服，盡量選購色澤飽滿的商品。入門者不容易掌握這項原則，不過你只要比較一下優質衣物和廉價衣物的染整結果就能明白。在陽光照射下最容易看出差異：染整良好的優質面料會反射美麗光澤，劣質品的色彩則顯得暗沉、缺乏生氣。

避開行銷陷阱

筆者要再次提醒：避免購買印有斗大品牌名稱或商標的服裝。就算幫品牌做廣告，也應該是他們付款給你，而不是你花錢幫他們打知名度，對吧？不要落入行銷陷阱，購買能為你加分的服裝，而不是當下的流行品。買下任何一件衣物以前，你必須自問：當所有客觀條件不變，如果拿掉品牌標籤，或換成另一個品牌，你是否仍願意購買手上這件衣物？

下手之前千萬記得，**一定**要先試穿。穿上後站在試衣間的鏡子前，仔細觀察這件衣服如何與你的身體互動。嚴格看待品質、剪裁，特別是合身度。絕不要在買到不合身的衣物之後，才來期待這件衣物會隨時間逐漸變合身。要找到真正合身的服裝的確不容易，不過你的努力不會白費，因為剪裁良好且合身的衣服能夠改善你的外型，就算設計再普通，在你身上也會展現出設計師單品的風範。

別忘了逛配件區

逛服飾店時，記得到配件區走走。在大眾品牌成衣店購買配件是正確的選擇，因為領帶、圍巾、腰帶等商品，不論是 10 歐元或 80 歐元，在品質或耐用程度上其實相去不遠。在這類商品上節約開支，就可以把更多預算花在對於穿搭風格更有貢獻的品項，例如牛仔褲、休閒西裝外套、鞋履等。

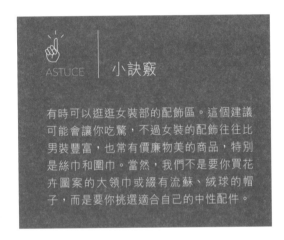

ASTUCE | 小訣竅

有時可以逛逛女裝部的配飾區。這個建議可能會讓你吃驚，不過女裝的配飾往往比男裝豐富，也常有價廉物美的商品，特別是絲巾和圍巾。當然，我們不是要你買花卉圖案的大領巾或綴有流蘇、絨球的帽子，而是要你挑選適合自己的中性配件。

只要營造一些簡單的細節（例如選用針織領帶，或在胸前口袋放上袋巾），就算是成衣賣場的西裝也能讓你顯得氣質不凡。

第 五 章

別被折扣商品
迷昏了頭

LES FAUSSES BONNES AFFAIRES : ÇA EXISTE !

添購新衣服對任何人來說都是獨特的時刻，幾乎可說是種儀式。這儀式從店員臉上的親切微笑開始，他耐心守候著你，不等你開口，就願意以七折價把衣服賣給你。

接下來便是無止境的困擾：該買什麼？站在一、兩百坪的店面中，面對琳瑯滿目的各式服裝，我們經常不知所措。如何才能買到合適的服裝並且全身而退？

每年我們都會把收入中相當可觀的一部分貢獻給服裝。既然如此，何不學著聰明地（也就是經濟地）花這筆錢，同時從中獲得樂趣？如果有人穿上新襯衫而受到讚美，卻絲毫不流露真心的微笑（或至少在心裡偷笑），筆者願意請他吃飯。

買到好衣服的方法很多，但要避免的錯誤也不少！

錯誤一：過度相信品牌

常識告訴你，當你看到某件名牌服飾大降價，就應該考慮買下。你看著商標，在心中告訴自己，衣服就像農產品，貼上「有機」標籤就代表身價不凡、值得信賴，而且竟然還打折，那放進購物籃就對了！以折扣價販售的名牌商品看起來很吸引人，但其實這是商家常用的把戲，藉此在新系列商品進貨前盡快出清庫存。

因此，你得避免受價格誘惑而犯下錯誤。不是買折價品有錯，而是這時你只考量價格，而不是這件衣服能為你的穿搭加分多少。

原價 1,500 歐元的西裝外套降價到 200 歐元，任誰都會受吸引。但如果衣服剪裁有問題，又有什麼意義？你的腰圍是 31，看到一件好看的名牌牛仔褲打兩折，但尺碼是 34，這時你很難克制購買欲。可是，尺碼差那麼多，根本無法改到合身！這樣的購買只是浪費錢，要學會避免犯這種錯誤。

你可以善用折扣季，選幾件能夠陪伴你好幾年的優質服裝，但要避免衝動購買，以免帶回一堆擺進衣櫥後就再也不看一眼的無用衣物。

在 Centre Commercial 之類的多品牌商店可以找到許多有趣的小眾設計師品牌。在這種地方你不會受到大品牌的形象影響，可以學習如何客觀地從品質判斷服裝優劣。

錯誤二：故步自封

另外一種常見的想法是，品牌和設計風格不重要，「只要穿得舒服就好」。於是選購衣物就得仰賴「穿起來的感覺」，這種思維容易使我們落入偷懶、故步自封的窠臼，老是造訪相同店家，買類似的平庸牛仔褲，只求「穿起來舒服」，年復一年，不求改變。

這種做法的問題在於，我們不但因此錯過很多好機會，而且有時在大眾成衣連鎖的花費甚至足夠用來買比較高級的東西。例如，一件大眾品牌牛仔褲可能要價 50 歐元，但只要加個 20 或 50 歐元，就可以在 Acne 或 Nudie 買到高級品。而這些品牌打折時，商品價格很可能跟你買的大眾牛仔褲差不多。

如果我們過去累積了這類不良習慣，或常犯上述錯誤，就要努力學習以新的思維看待治裝。

避免受價格誘惑
而犯下錯誤。
不是買折價品有錯，
而是這時
你只考量價格，
而不是這件衣服
能為你的穿搭風格加分多少。

第 六 章

三大治裝考量：
合身度 / 品質 / 剪裁

SHOPPING TRIPLE ACTION :
FIT / QUALITÉ / COUPE

合身度：這衣服符合我的身材嗎？

你可能覺得以下內容理所當然，不過我們還是
要再囉嗦一次：所有衣服都要講求合身，也就
是完全符合你的身材。

何謂合身？就是在肩部、下腰部及腿部略為貼
身。如果一件衣物在這三個部位顯得鬆垮，就
表示衣服尺寸過大。反之，如果衣服穿上身時
擠出許多難看的皺褶，就表示衣服尺寸過小。

以下是幾項判別標準：

＊褲子鈕扣扣上後，褲腰與身體腰部之間的空
　隙不超過兩根手指頭。
＊西裝外套的鈕扣扣上時，腰際的空間不超過
　一個拳頭。
＊褲子的胯部、臀部及上衣的肩部沒有多餘布
　料。

衣料及做工品質

辨別衣料及做工品質的能力不是與生俱來，而
是累積經驗而得。從現在開始，當你造訪服飾
店時，請養成以下習慣：細心觀察、觸摸衣
物，評估衣物的品質。不妨也到奢侈品牌店參
觀，觀摩一下什麼叫做頂級服裝，這樣一來你
會更了解，對衣服品質的要求標準可以拉高到
什麼樣的程度。（不過別忘了「入境隨俗」，

照片中人穿的衣褲都達到「合身」的標準，也就是能夠勾勒
出穿著者的身形，但不是完全貼身。（附帶一提，短褲在夏
天確實是不錯的單品，不過我們不建議太常穿著。）

穿得體面些再造訪這些名店！）建立這些經驗
以後，你就能認出真正的好東西，當你在其他
地方遇見價格非常合理的類似商品時，也就懂
得把握機會。

剪裁：其實沒那麼複雜

還有一點絕對不可忽略，也就是服裝的剪裁。
剪裁指的是衣服符合穿著者身形及改善身形外
觀的能力。符合你尺碼的衣服不見得兼備以上
兩種特質，而這正是各家品牌展現功力之處。

你也會發現，沒有任何一種剪裁適合所有人，
所以重點在於找到契合你體型的剪裁，而只有
試穿能夠讓你確定這一點。試穿衣服時，身體
盡可能保持自然姿勢，不要駝背，但也不用像
竹竿那樣直挺挺。不要努力縮小腹，不要過度
撐開肩膀。全身放鬆，然後走動一下。

注意衣服是否妥善配合你的身體動作，請撤除
腦海中所有外在因素，用你自己的觀點評鑑這
件衣服。在這種放鬆、自然而真實的狀態下試
穿衣服，可以免除事後許多困擾，也就是當你
把衣服買回家穿著後，才發現一些意想不到的
缺點。

同一個人這次穿的衣褲都太大，因此廓型顯得鬆垮，無法烘
托穿著者的身形。

CONSEIL 建議

如何判斷剪裁品質：

—— 確認肩部剪裁清楚俐落，能勾勒出肩膀
與手臂間的轉折角度，肩線不會垂落肩膀外。
記住，肩部線條是男性廓型的關鍵要素。

—— 不要購買腋下、胯下及臀部有多餘布料
的衣服，以免穿著時顯得鬆垮。衣料要能契合
穿著者的身體線條，不應該有鼓突、不規則的
地方。

ATTENTION 注意

—— 特別留意面料的反光效果。美好的面料
會隨著觀看角度而顯現細緻的色調變化。

—— 做工的精緻程度也可以反映衣服的品質。
精細的做工（剪裁及縫線無懈可擊）、多樣化
的細節處理（襯料、裡布、雙針縫線、內袋
等），都可以為服裝大大加分。

第 七 章

風格情報員：
讓店員成為你的盟友

LA CIA DU STYLE :
FAIRE DES VENDEURS SES ALLIÉS

不習慣逛服飾店的人可能多少有些懼怕店員。我想所有進過服飾店的人都曾在空蕩蕩的店面中因為店員的注視而感到緊張不安，或者把店員的提問及試穿、購買建議當成騷擾。有時你結完帳後可能還覺得，自己好像被逼著買了一些不怎麼中意的衣服。本章就是要教你如何應付這類狀況。

首先筆者要強調，店員不是你的敵人。當然，我們必須從銷售的角度判斷店員所說的話，但這不表示你必須不斷防備，或不分青紅皂白地否決店員的所有建議。

你與服飾店員的關係好壞取決於你自身對時尚的掌握能力。若你剛開始學習穿搭，會不太了解店員提供的資訊能否信賴，是不是誘使你掏腰包的銷售話術。可是慢慢地，你將能夠分辨店員話中的真假。相對地，對方也會感受到這點，知道眼前的顧客對於時尚有相當概念，這時店員便不敢瞎掰，而會提供實用資訊甚至額外服務給你。

舉例而言，當好店員看到你試著搭配店中的兩件服裝時，他／她會從旁提供穿搭風格的建議，也會主動推薦一些能夠搭配你當天穿著的衣服。

此外，好店員能夠立刻看出衣服的尺碼是否適合你，並為你提供這方面的諮詢，或為你推薦更能改善廓型的剪裁。最優秀的店員甚至會告訴你買下這件衣服以後可以修改那些細節，使這件衣服與你完美契合。

不過，對於店員提供的建議，我們當然還是要能夠自主判斷。

別擔心，要開心

80%的壓力來自自己

與店員談話時，首先要保持輕鬆、平靜。如果你抱持懷疑眼光，把店員看成心中只有銷售的商人，而不是潛在的時尚顧問，那你得到的就只有單純的交易關係。

請你先放下不信任感和成見。當你在服飾店中感受到購買壓力，那是店員的錯嗎？或許只是因為你在這個環境裡覺得不自在？當你什麼都沒買就離開一家店，你完全不需要感到羞愧。為了好奇、興趣或學習等理由而逛服飾店，是你的權利。商店不是迪士尼樂園，沒有人要求你買入場券。

所以，從現在開始，你應該讓自己習慣到服飾店裡試穿衣服，而且不見得要買。試衣間絕不是掛上簾幕的收銀檯。當你建立起健全的心理，才懂得在遇見好衣服時把握機會。

該不該信任店員？

剛踏上穿搭風格的學習旅程時，不要一個人逛服裝店，而且要對店員說的話抱持一定程度的質疑。店員的職責無疑是設法獲取信任，但除非有正當理由，否則也不必把店員看成對你的錢包虎視眈眈的禿鷹。假如你面對店員會感到不自在，同行的朋友這時便可協助你保持鎮定。當你與店員多了一些接觸，你會比較願意付出信任，不過即使在這個時候，你也不要忘記，雖然店員可能展現出親切、良善的態度，並詳細提供店內各種商品的資訊，但他／她的目標終究還是……把東西賣給你。

不必害怕走進高級服裝店，尤其是 électic 等新生代品牌店。這些品牌店的店員都是充滿熱情的時尚專家，非常樂於分享知識。

—— 懂得說「不」 ——

服飾店員正如同他們所販售的服裝，可說是五花八門，無論哪個品牌、哪種店面，我們可能碰到特優級店員，也可能遭遇奇差無比的服務。不良店員會不惜睜眼說瞎話，即使看見你試穿的衣服明顯過大，也會說「你穿起來很體面」、「頭兩次洗會稍微縮水，然後就定型了」，甚至說出「穿大一號是本季的特色」。當你聽到這種話，可以用禮貌但堅定的方式讓他／她明白你沒這麼好騙。如果對方不斷瞎掰「這是今年夏天的流行趨勢」、「你很有眼光，某某知名影星也穿過這件」，或滔滔不絕地描述材質和剪裁方面的技術細節，你可以面帶微笑地告訴對方：

「謝謝您的建議，不過我先自己看看，有需要再請您協助。」就這麼簡單，不必多也不必少。

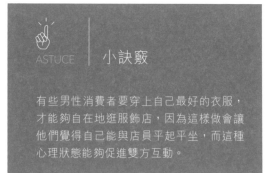

ASTUCE ｜ 小訣竅

有些男性消費者要穿上自己最好的衣服，才能夠自在地逛服飾店，因為這樣做會讓他們覺得自己能與店員平起平坐，而這種心理狀態能夠促進雙方互動。

讓好店員幫助你

—— 我們可以向店員提出哪些問題？ ——

你可以請教店員的第一大問題，當然就是所有與服裝相關的實際問題，特別是尺碼和可選顏色等。在非成衣連鎖的服飾店裡，我們可以詢問一些很細節的問題，例如：「我想找一條有點粗獷感的直筒羊毛褲，你們有這種褲子嗎？」如果有，但是價格超出你的預算，你還是可以抱著學習的心態試穿一下，然後告訴店員：「謝謝，不過實在貴了一點，有沒有可能幫我打折？」如果你面帶微笑提出這個請求，對方很有可能真的為你降價。

好店員能做的不只這些。當你的時尚感更加敏銳，也更願意信任店員後，你還可以請教許多技術性的細節問題，甚至是他們的個人意見及品味等等。例如：

* 這件衣服是在哪裡做的？這種剪裁方式叫什麼？
* 這件衣服如何保養？穿久會不會嚴重變形？
* 你自己有沒有類似的衣服？
* 你都怎麼穿？
* 這件衣服真的適合我嗎？我在想，另一種剪裁是否更合適……

—— 還有嗎？ ——

當然！還有一種策略非常有用，而且可以讓購物過程更愉快：與你常造訪店家的店員建立友誼。

照道理而言，服飾店規模越小，越重視品質，店員的專業程度也越高，因此也越能提供實用諮詢。當你發現你喜歡的店中有某位店員非常優秀，你可以試著跟對方培養某種朋友關係。用很輕鬆自然的方式問他一些略具個人色彩的問題，例如他喜歡哪種衣服，可以推薦哪些附近的優質商家，在這家店工作多久了，他們店裡的客人屬於什麼類型等等。

如果你欣賞這家店的服裝、店面設計或店員給予的建議，你都可以讓對方知道，最好也說明理由。當店員認真做好自己的工作時，會很樂意受到別人的讚賞。

我們不一定非得經常光顧某家店才能跟店員培養良好關係。如果你懂得與店員建立有趣的對話，對方自然會記得你，就算你一年只去三、四次，而且有時只是路過打個招呼。

假如店中商品或店員的建議都很有品質，你可以跟朋友分享，找機會帶他們到店裡看看，並把他們介紹給店員認識。你幾乎可以確定，不消多久，不必等你開口，對方就會在你結帳時主動打個九折或八五折。

店員的職責無疑是設法獲取信任，
但除非有正當理由，
否則也不必把店員
看成對你的錢包虎視眈眈的禿鷹。

―― **建立關係很愉快，可是有什麼實質的好處？** ――

與優良店員建立良好關係有兩大好處。第一，服飾店員每天接觸服裝，自然能夠深入了解服裝，因此必定能與你分享很多知識。

第二，我們前面提過，店員可能幫你取得服裝秀、私人特賣會（甚至銷售記者會）以及各種相關活動的邀請卡或入場券。

與店員熟識後，你就可以在折扣季開始前詢問有哪些品項會打折，折扣多少，甚至請他／她在折扣季幾天前把你想買的衣服保留起來。在 outlet，你可以向店員詢問下次進貨的時間，這樣你就能把握時機，搶先別人一步買到好的折扣品。

不知不覺中，你與店員的關係已經變得輕鬆自在。你可以心平氣和地聆聽、接受建議，甚至提出意見、交流討論。這時，前文所提到的那些窘境，例如拒斥對方的建議，或者請對方離開讓你自己慢慢看等情況，自然不會再來糾纏你。

首先
要強調的是，
店員
不是你的敵人。

高級精品店非常注重顧客關係，店員的角色是回答你的問題，甚至充當你的服裝顧問，但絕不是要求每位顧客都要買東西。

ENTRETIEN
—
CLARENT DEHLOUZ, FRENCHTROTTERS

特別採訪

克拉杭·德魯兹
FRENCHTROTTERS

請自我介紹。
我叫克拉杭·德魯兹，我跟我太太卡蘿兒在 2005 年創辦多品牌商店 FrenchTrotters（法國旅行者），2010 年推出 FrenchTrotters 自有品牌商品。

你如何進入時尚這行？
進這行的契機是旅行。我們在紐約、東京、倫敦等國際都會的服飾店發現許多有趣的商品，希望把這些東西引進法國市場，同時加入一些符合法國消費者品味的元素。

你們的顧客是哪些人？
客群相當廣泛，既有巴黎本地的消費者，也有來自國外的客人。我們經銷的品牌非常多元，符合不同穿搭風格的需求。我們的顧客充滿好奇心，除了設計外他們也非常重視商品品質。

近年來男士對服裝的態度有改變嗎？
最近十年間，男裝時尚出現很大的改變，消費方式也有顯著變化。現在的男性消費者更具時尚知識，購買時也更用心，並且越來越講究質料、剪裁、做工。對他們而言，購買衣物不再是膚淺的事。消費者會關注商品的歷史背景，同時也表現出某種回歸經典風格的趨勢，並重視服裝的設計是否雋永，注重商品的品質和品味。

你會預測並且因應潮流走向嗎？
重點在於找到良好的平衡，我們當然不可能躲在角落一味發展自己的東西，完全不顧流行趨勢。時尚界有許多好東西值得我們不斷挖掘，不過我們不能隨波逐流，打造出屬於自己的設計路線是絕對必要的。

你認為在時尚領域，「法國製造」這個詞語有意義嗎？
我們的自有品牌服裝最初都是在巴黎製作的，這背後有些實際考量，因為我們要求自己密切掌握服裝的製作過程，而且非常看重這點。但「法國製造」這個詞本身是空洞的，要求一件衣服百分之百在法國境內製造並沒有意義。反之，我們會在布列塔尼製做毛衣，因為那裡的針織技藝有口皆碑，或者委託巴黎地區歷史悠久的專業工坊製作牛仔褲或襯衫，這些事才真正有意義。專業技藝存在於世界各地，我們樂意借助不同地方的專業，例如我們的染布面料採用印度製品，因為那裡的染布技術確實令人刮目相看。

創建品牌並建立經銷通路需要多少時間？
我們從成立多品牌店到推出自有品牌，經過了五年。我們不是時裝學院出身，全靠經驗加上自我琢磨。時尚工作者如果要創立自己的品牌，擁有高度專業能力極為重要，你必須知道有哪些好工廠或好師傅可以協助生產，也必須知道到哪裡找好的布料等等。我們在掌握這些知識後，才有辦法推出好商品。

這份工作有哪些主要步驟？
我們的設計靈感源自店裡販售的品牌。技術層面也非常重要，以製作襯衫為例，開發良好的版型需要很多事前研究和準備，要做各式各樣的測試，然後要找到多次洗滌後依然美麗的良好面料。我們的襯衫都是採用最上乘的日本及義大利製面料，並在巴黎的一間小工坊以手工精心剪裁製作而成。

採訪影片連結：bngl.fr/clarent

消費者
會關注商品的歷史背景，
同時也表現出
某種回歸經典風格的趨勢，
並重視
服裝的設計是否雋永，
注重商品的品質和品味。

克拉杭‧德魯茲和妻子卡蘿兒在 2005 年成立 FrenchTrotters 多
品牌商店，最初是從外國進口兩人喜愛的獨特商品。

FrenchTrotters 與其經銷品牌有許多合作。這雙鞋子來自知名鞋履品牌 Buttero，另外 Le Coq Sportif 的高級系列及義大利眼鏡品牌
Super 也都是 FrenchTrotters 的合作對象。

ENTRETIEN
—
HUGO JACOMET,
PARISIAN
GENTLEMAN

特別採訪

雨果・賈柯梅
PARISIAN GENTLEMAN

請自我介紹。

我叫雨果，今年剛滿 50。我向來對裁縫技藝充滿熱情，2009 年 1 月決定成立 Parisian Gentleman（巴黎紳士）。我的成長背景與裁縫密切相關，我祖父是做靴子的師傅，我母親則是裁縫師。我的創業目的是教育男士，幫助他們了解何謂優雅，並重新認識服裝傳統。

為什麼你決定採取「教育」的方式？

我認為教育策略為我們公司的成功提供良好基礎。過去我閱讀許多這方面的雜誌，但很快就發現其中探討的內容有許多侷限。這些雜誌的運作都依賴廣告，並沒有真正的言論自由，無法客觀表述服裝風格。於是我決定自己寫文章，與大眾分享我在這個領域的見解與知識。我很快就發現這正是大眾所需要的，也就是「教育」。每件服裝都應該能夠説故事，傳達穿著者的性格，呈現他的社會背景、體現他的個人風範，而許多新生代的穿著者對此事抱持高度興趣。

你認為時尚媒體和部落格的現況如何？

讀者在我們這裡享有其他媒體所缺乏的透明性。這件事有點弔詭，照理説網路應該是透明的，但放眼網路媒體，特別是部落格，有時可信度非常值得商榷。我們遇到的具體情況是，一些小品牌會主動聯繫我們，相較之下大公司就顯得裹足不前，因為部落格的世界讓他們感到畏懼。其實真正的關鍵不是媒介，而是內容。

媒體資訊有改善男性消費者的購買行為嗎？

這點毋庸置疑，有些跡象顯而易見。最近幾年男裝配件市場蓬勃發展，袋巾、領帶甚至領帶夾都重新獲得消費者青睞，在街頭也越來越容易看到。這是過去很久沒有看到的現象。我們發現法國夢幻男鞋集團 Berluti 決定跨足服裝，LVMH 集團以 20 億歐元買下以羊絨及駱馬毛等質料為主打的義大利男裝品牌 Loro Piana，這都是因為市場上確實存在巨大需求。

所以男士對服裝重新產生了興趣？

對，而且非常明顯。「重新產生興趣」這個説法很有道理，因為男性才剛走出三十年的穿搭風格浩劫。我認為，我們身處某種循環。男裝風格在 1960 年代還相當講究，後來沉淪了很多年。近年來網際網路為男士穿搭帶來絕佳的進步空間，我們可以從網路獲得各種資訊及建議。我們正在經歷革命，很多事動起來了。

你對入門者有什麼建議？

以財力分等級是錯誤的觀念。任何人，無論年紀多寡，只要對這個領域有興趣，都可以透過部落格、私人展售會，以及網路上包羅萬象的內容獲得協助，在不花大錢的前提下，逐漸找到舒適合宜、具個人風格的穿搭方式。男性不應該再單方面接受大品牌的「獨裁」，只穿這些品牌認可且花大錢行銷的服裝。我們應該學會主動掌控，而達到目標的策略就是「教育」。

你對目前成衣市場的商品有什麼看法？

成衣市場的等級正在提高。現在上服飾店購物的男性跟以前已經有所不同。有時消費者本身就是飽讀網路資訊的專家，甚至可能讓店員不知所措。時尚部落格能夠幫助某個品牌建立聲譽，也能夠輕易摧毀，這種情況促使生產者必須提供更高品質的產品。目前在市場上，商品繽紛多元的程度前所未見，只要認真挑選，一定可以買到好東西。

你認為買一套好西裝至少要有多少預算？

我認為西裝外套至少要選擇半襯（編注：正面有襯裡，背面則無）款式，低於這個標準的話，就不

訂製的雙排扣西裝能夠展現極致的男性優雅。這種款式可以使上身顯得更結實，並有效勾勒穿著者的身體曲線。

穿正式西裝及穩重低調的鞋履時，不妨在細節上玩玩色彩遊戲，例如搭配色彩鮮豔的襪子，或在胸前口袋放條袋巾。

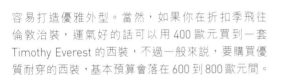

雨果於 2009 年創立 Parisian Gentleman 時尚網站。這個網站有七種語言版本，是全球最重要的衣著文化資訊來源之一。

容易打造優雅外型。當然，如果你在折扣季飛往倫敦治裝，運氣好的話可以用 400 歐元買到一套 Timothy Everest 的西裝，不過一般來說，要購買優質耐穿的西裝，基本預算會落在 600 到 800 歐元間。

你對 50 歲的男性有什麼治裝建議？

首先還是要看你有多少興趣。瀟灑迷人的中年男士是花時間打造出來的，你必須灌注相當的精力，才能建構自己的穿搭風格。服裝的剪裁絕對不能妥協，如果只能二選一，我們寧可買面料不那麼好，但剪裁優美合宜的衣服。相信自己的眼睛，不要輕信店員。慢慢找出一、兩件你真心喜歡、穿了也好看的衣服，然後選購其他衣物搭配。

穿搭風格有沒有可能變得過於講究、完美？

任何運動一旦成形，都會出現極端主義者。任何事情只要不做到太誇張、過火以至於變得可笑，都是可以接受的。確實，有些人可能在穿搭風格上表現得太過火。在此再次強調，這個問題的因應策略很簡單，就是「教育」。

你自己會不會穿很簡單的東西？

我不會在服裝風格上自我設限。我很喜歡運動服裝，有時甚至會穿 T 恤，不過在公開場穿的機會不多，最近兩年大概只穿了四次吧！

採訪影片連結：bngl.fr/hugo

LES ESSENTIELS DE LA GARDE-ROBE

男性衣櫥必備單品

第 一 章

牛仔褲：
一定要認識的基本款

LE JEAN : LE BASIQUE
À MAÎTRISER ABSOLUMENT

**好看的牛仔褲是現代男性衣櫥裡最重要的
服裝類型，也是最神通廣大的穿搭單品。**

原色牛仔褲幾乎能搭配任何服裝，不會有什
麼風險，因此可說是穿搭風格初學者的最佳
夥伴。

牛仔褲不只好穿、好搭配，也能為你的外型
大大加分。不過切記，牛仔褲如果選得不好，
也可能讓整體造型毀於一旦。

原色好還是洗舊好？

雖然一般人的觀念逐漸轉變，但許多入門者依
然認為，比起那些人工洗舊的款式（D&G、
Diesel、Energie、Replay 等品牌主要屬於此
類），原色牛仔褲顯得缺乏個性。因此，他們
心甘情願多掏出 50 歐元，買一條布料因為人
工洗舊而耗損的牛仔褲，然而，這樣的洗舊效
果根本比不上原色牛仔褲穿著幾個月後所呈現
的自然外觀。沒錯，最佳的洗舊效果會展現在
「自然老化」的原色牛仔褲上。就算你偏愛洗
舊效果，還是應該從原色款式開始接觸這個服
裝類別。

經過人工洗舊處理（漂白、染色、磨白）的牛
仔褲，不但在穿著、洗滌後會逐漸失去對比，
而且自然洗舊會與原有的人工效果產生衝突，
使後者顯得突兀。另外，布料經過磨石、磨
砂、砂紙等人工處理作業以後當然會耗損，當
你買下這條牛仔褲時，褲子的壽命已經剩下一
半。一條洗舊牛仔褲可能只能穿一年，而一條
高級日本面料製的原色牛仔褲穿上四年都不成
問題。

如此好看的洗舊牛仔褲不容易找。想要買到理想的洗舊牛仔
褲，一定要耐心尋找。不過還有個更好的辦法：讓你的優質
原色牛仔褲在穿著及洗滌過程中自然「老化」。

與人工洗舊牛仔褲相比，優質原色牛仔褲的自
然老化效果要好得多。後者不只留下各種自然
磨損的痕跡，而且會慢慢浮現真實的陳舊感，
反映你的生活方式。牛仔褲受摩擦處會逐漸褪
色，例如大腿上部（在法國，這種痕跡稱為「鬍
鬚」）、膝蓋後側（「漁網」）等，如果你習
慣把皮夾、鑰匙、手機等物品放在口袋，口袋

部位也會出現磨白的痕跡。除了顏色以外，牛仔褲的剪裁也會隨著你的體型而慢慢改變，強調出你的身形特質。

不需要筆者再多説，你應該已經知道，牛仔褲的首選是原色牛仔褲。高級品牌的洗舊款則是唯一的例外，因為他們能夠提供非常細緻而出色的洗舊效果，當然價格也令人生畏。假如你真的沒有耐心等待原色牛仔褲自然老化，那就選購洗舊效果看起來最自然的款式，也就是説，磨損痕跡出現在合理的地方，反差不至於太過強烈等。

太過寬鬆的牛仔褲是時尚瘟疫

你很有可能習慣購買較寬鬆的牛仔褲。這是一種風格上的錯誤，為了避免重蹈覆轍，下次試穿時要仔細確認，如果出現以下兩種情況，就表示牛仔褲太大了：

＊穿上後如果不繫腰帶，牛仔褲會下滑，或者不解開腰部鈕扣也能穿上牛仔褲。

＊穿上牛仔褲並繫好腰帶時，從褲襠底部到褲腰鈕扣兩側的腰帶圈之間出現明顯的斜向皺褶，構成大大的 V 字形。

如果你用這標準檢查衣櫥裡現有的牛仔褲，恐怕會昏倒。沒錯，大多數男性都不知道這則簡單的小常識：丹寧布會隨時間逐漸延展。因此，假如你最愛的牛仔褲在購買時就已選了稍大的尺碼，我敢打賭這條褲子現在變得更寬鬆了。

該如何買到正確尺碼呢？腦筋動得快的讀者已經猜到了：要買有點緊的牛仔褲。經過日復一日的穿著，牛仔褲會逐漸契合你的體型。幾周後，你的牛仔褲會變大將近半號，與你的身形完美相襯。

但請注意，不要把「購買時有點太緊」和「尺碼太小」搞混了。在檢驗上述事項以前，你應

該先確認這點：假使你穿上牛仔褲並扣上所有鈕扣後無法活動自如，甚至呼吸受到壓迫，你就該拿大一號的牛仔褲。

試穿牛仔褲時，扣上最後一顆鈕子後你可能略感不適，但只要尺碼正確，你絕不會覺得很難過。放心，牛仔褲如果真的太小，你的腰部會立刻告訴你。在不為難自己的前提下，買有點緊的牛仔褲準沒錯！

大多數男性
都不知道這個簡單的小常識：
丹寧布
會隨時間逐漸延展。

UN JEAN À LA
BONNE TAILLE

正確尺碼的
牛仔褲

丹寧布的硬挺程度要能夠略微壓扁臀部。不過不必擔心，這個部位是最容易伸展的。等牛仔褲慢慢適應你的身形，就會更契合你，不會把你的身體線條收束得像女性。

把手伸進口袋時，不容易撈取出底部的銅板。

能夠勾勒出腿部（特別是大腿）的線條，但不會綁緊。（要留意的是，如果大腿部位太緊，有可能不是尺碼問題，而是剪裁所造成。）

用手指很難捏起大腿部位的布料，彎曲腿部時，膝蓋後側略有不適感。

如何選擇良好的剪裁？

開門見山地說：最適合你的剪裁很可能是半修身（semi-slim）剪裁，有些品牌也把半修身稱為直版（straight）剪裁。以下詳細說明各種剪裁：

—— 直筒（regular）剪裁 ——

直筒剪裁是 Levi's 501 牛仔褲的標誌性剪裁。不過這種剪裁並不適合各種身材，這點與一般人的認知稍有不同。體格壯碩或腿部肌肉發達的人（例如 Levi's 廣告裡的牛仔）穿直筒剪裁很好看，可是一般體型的人穿上這種腿部寬大的高腰牛仔褲，創造出來的廓型並不美觀，身材削瘦的人就更不用說了。

—— 修身（slim）和緊身（skinny）剪裁 ——

基本上我們也不推薦修身和緊身剪裁的牛仔褲，因為這類剪裁會使比例變得不勻稱，讓人覺得你的褲子型號太小，而且一般人往往認為這種牛仔褲是十多歲青少年的衣著。不過如果你的身材真的很削瘦，穿這類牛仔褲也許還不錯。

—— 其他剪裁：靴型剪裁（亦稱小喇叭）、寬鬆（baggy）剪裁 ——

這些剪裁有時候會流行一陣子，但很快又會退流行。這類牛仔褲塑造的廓型比較獨特，對初學者而言非常不容易搭配，因此我們也不建議你急著買。

—— 半修身剪裁 ——

大腿部分相當貼身，但小腿部分略寬鬆（平放時寬度在 19 到 21 公分之間）。這個小小細節足以造就很大的不同，稍後我們會進一步說明。

半修身牛仔褲的特點是合身，與大腿線條非常契合，往下則逐漸收窄（相較之下，直筒剪裁在小腿比較寬鬆，修身剪裁則太緊）。

許多人不願意購買半修身牛仔褲，但我們建議你先試穿看看，穿上後自然知道好不好看。別忘了，良好的穿搭風格首重精確的剪裁。多試穿多比較，才知道哪種剪裁最適合你的體型。

ASTUCE ｜ 小訣竅

要判斷牛仔褲是否在腿部做了「收緊」處理，可以把褲子平放，然後把褲管底部往回摺 20 公分至小腿部位。如果褲腳寬度小於小腿部位，就表示有。

3

半修身
剪裁的
三大優勢

1

這種剪裁方式經過適度調整，可以打造修長廓型，又不會讓人覺得你的腿細得像火柴。

2

臀部不致包得太緊，又能展顯優美線條。

3

適合大多數體型。如果你是削瘦型身材，半修身牛仔褲會突顯你身材上的優點，既不會掩蓋你的線條，也不會顯瘦。如果你比較矮小，半修身牛仔褲可以拉長你的廓型。如果你體型較壯碩，半修身牛仔褲也能使你顯得比較修長。

── 褲口及鞋子 ──

牛仔褲平放時,褲腳底部的寬度(即褲口寬度)是決定你能夠搭配什麼鞋子的關鍵。

如果褲口介於 20 到 21 公分(在這裡,差一公分就差很多了),你可以穿窄版的鞋款(例如牛津鞋或靴子),也可以選擇比較寬厚的款式。

如果褲口小於 19 公分,足部與整體廓型的其他部分相比則容易顯得太長或太大,變得像「小丑鞋」。因此,褲口越窄,鞋子也應該穿得越窄。

半修身剪裁很好穿,而且能適度打造修長廓型。

半修身牛仔褲的褲腳垂落在高統鞋款上,顯得自然而美麗,並且勾勒出優美的腿部線條,褲腳捲起時也非常好看。

面料品質

購買牛仔褲時絕不能忽略這點。好的面料可以確保牛仔褲經久耐穿，美麗的質料也可以造就更好看的自然洗舊效果。但筆者要在此申明：牛仔褲價格高不能保證品質好。

高級牛仔褲大多採用結實而美麗的日本面料，但某些品牌的高級商品還是有可能使用很薄或不紮實的劣質面料，如果又經過粗糙的人工洗舊處理，品質實在堪憂。

在中級商品中有時可以撈到寶，不過入門級牛仔褲的布料一定不會好。

講到這裡你應該大致明白了：要評斷牛仔褲的面料品質，品牌和價格不是絕對的判別標準，你得相信自己的感官和判斷力。

—— 原色牛仔褲的面料 ——

原色牛仔褲的面料未經過人工處理，赤裸展現本質，無所隱藏（相較之下，洗舊面料品質就沒這麼容易判斷）。以下是注意要點：

＊面料的規則性
仔細觀察面料。藍紗和白紗的交替是否規則？會不會看到某些白色針腳比其他的針腳粗大？如果會，那就不妙了。接下來請把牛仔褲翻面，觀察紗線的規則性。仔細看看紗線的粗細是否平均。比較粗的紗線洗白得比較快，如果粗細不均，褲腿上很快就會出現難看的直條紋。

＊做工品質
牛仔褲必須縫得厚實、牢固且規整。腰帶環、口袋、大腿部分則須加強縫合，使整體結構更紮實。不妨拉拉腰帶環，如果這部位的做工講究，基本上整件牛仔褲的品質應該就不錯。

＊顏色飽滿程度

好面料擁有美麗的光澤，從不同角度都可觀察到細緻的色調變化。丹寧布也會顯現靛青或土耳其藍光澤，且自然洗舊後更加明顯。

—— 洗舊牛仔褲的面料品質 ——

人工洗舊牛仔褲的品質較難判斷，不過請放心，還在一般人可以辦到的程度。

首先要檢查後口袋內側。整條牛仔褲只有這個部分不會受到洗舊處理，所以你可以用檢查原色牛仔褲的方式檢查這個部分。

洗舊處理的品質可以從成果的細緻程度來判斷。人工洗舊應該盡可能講求自然低調。許多洗舊牛仔褲做法相反，結果便是讓人覺得俗氣。如果你能輕易看出某些條紋是拿筆沾漂白水畫出來的，那就放下這條牛仔褲吧。

相反地，優質的人工洗舊效果來自講究的繁複作業，因此好看的洗舊牛仔褲當然比同等材質的原色牛仔褲貴。某些品牌的洗舊牛仔褲雖然不是一般人能買得起的，不過還是值得我們欣賞觀察，例如 Ralph Lauren 的極高階系列 RRL。Kuro 這個牌子的洗舊牛仔褲則是筆者見過最漂亮的，不過目前在法國還沒有經銷商。中級商品方面，Kuyichi 這個小品牌致力生產洗舊牛仔褲，但在法國也還不容易買到。

再說一次，最好的洗舊效果還是來自「自然老化」，所以不必急躁，買條優質原色牛仔

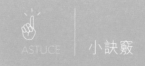

褲，穿久了自然會獲得最具個人特色的上等
洗舊效果。

為什麼你需要一般等級的牛仔褲？

出門買菜或看電影時，沒有必要穿上最貴的設
計師款牛仔褲，這點自不待言。在日常生活中
時常穿著頂級牛仔褲，會使褲子遭受不必要的
損傷，縮短壽命。

因此我們需要一、兩件平常穿的一般牛仔褲。
選擇剪裁良好而不昂貴的款式，最多百來歐元
即可買到。

為什麼你也該買條頂級牛仔褲？

所有男士都應該備有一條頂級牛仔褲，供重要
場合穿著。就實際應用而言，頂級牛仔褲其實
相當於正式西裝褲的休閒版。

在大眾成衣市場找到品質卓越的牛仔褲並非不
可能，不過非常耗時費力，而且再好也有限
度。

頂級牛仔褲的特質是剪裁完美、面料講究，擁
有這樣一條牛仔褲的好處非常多。這條褲子會
隨時提醒你，怎樣才叫高標準的時尚風格。這
樣一來，當你在服飾店看到優質商品時，將一
眼便能判斷是否值得買下。

當你擁有一條令你自豪的頂級牛仔褲，並享受
這條褲子所帶來的好處——你走到哪兒都受到
讚美，你可能就再也離不開它了。

牛仔褲會隨時間

逐漸契合你的身體線條，

改善你的整體廓型。

常穿的原色牛仔褲會自然形成專屬於你的洗舊效果。

預算牛仔褲：

- Renhsen 的白筒身純布邊牛仔褲（240 歐元）
- Acne Max Ra 的手修身版（190 歐元）
- Rick Owens 的「DRKSHDW」滴有洗車流血效果。（220 歐元）
- FrenchTrotters 的牛仔褲（190 歐元）

以上建議提供給讀者參考，括弧中的價格是店頭價，而不是採用本書的購買訣竅所獲得的優惠價格。如果你夠細心，也有耐性，應該可以用三分之二或一半的價格買到這些牛仔褲。

充滿好奇心的讀者可以到加拿大網路商店 Tate + Yoko 逛逛，瀏覽一下走在時尚尖端的牛仔褲品牌，這些品牌的設計可說是獨步全球。

合身度與剪裁

1 最上面兩、三個鈕扣要有點難扣上，而且手不容易探入口袋底部。

2 試穿時覺得臀部緊繃而且有點被壓扁。

3 牛仔褲上緣略低於下腰部骨骼。扣上鈕扣後，牛仔褲和下腰部之間的空隙大約可以容納兩根手指。

4 大腿及胯部沒有多餘布料，以免顯得鬆垮。

5 大腿部分適度合身。

面料品質

1 面料和縫線都非常規整。

2 色澤飽滿，能散發光澤。

講究的布料會以獨特方式反射光線，呈現細膩的光澤。請在自然光下從不同角度欣賞美妙的色澤變化。

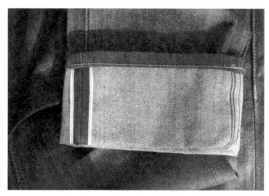

欣賞一下圖中的牛仔褲布邊。以鎖鏈車法縫製的藍耳布邊，形成極具特色的樣式。這些都是高級牛仔褲特有的細節。

全身丹寧布打扮是可行的，不過上下半身的材質和顏色要有相當程度的對比。略帶復古感的美麗配件為這套穿搭帶來非常正統而陽剛的牛仔氣息。

第 二 章

長褲：
意想不到的豐富變化

LE PANTALON : DE LA
VARIÉTÉ LÀ OÙ ON NE L'ATTEND PAS

生活不是只有牛仔褲，請用心探索其他類型的長褲。

奇諾褲及卡其褲

奇諾布和卡其布材質的休閒褲最近幾年又開始大行其道。這是件好事，因為這類褲子很適合日常穿搭，可以搭配伐木工格紋襯衫，合身剪裁的上衣則可與略為寬鬆的褲子形成對比。褲腳捲起便充滿休閒感，穿工作靴或登山鞋時則可以塞到鞋筒裡。

卡其褲的「卡其」來自「kaki」一字，也就是法文的「柿子」。這種褲子原本是某些軍種的軍服，顏色為柿子色（把《諾曼地大空降》、《搶救雷恩大兵》這些電影找出來看你就知道），後來逐漸變成我們比較熟悉的色澤，並成為非常普及的單品。

奇諾褲原本也是軍服，但剪裁比卡其褲正式，布料通常也比較細薄。奇諾褲可以塑造出典型的美國大學生穿搭風。

這類長褲很容易購買，選擇也很多，Uniqlo、GAP 的奇諾褲和卡其褲品質都很不錯，一條只要 40 歐元。如果想買品質更好的產品，可以找找 Farah、Homecore（130 歐元），

奇諾褲與滑板玩家喜愛的工作褲不同，屬於略微收緊的直筒剪裁，適合穿稍微合身一點。

Ben Sherman（80 歐元），或更高級的 Our Legacy（130 歐元）、Bleu de Paname（130 歐元）。

⚠ À RETENIR ｜ 注意事項

質料

避開合成纖維，盡量選擇全棉。奇諾布原本是軍裝或工作服，因此以不反光者為佳。

剪裁

檢查臀部剪裁，試穿看看能否稍微收緊臀部。如果這個部位的布料太多，褲子會顯得鬆垮。奇諾褲跟滑板玩家愛穿的工作褲不同，屬於略微收緊的直筒剪裁，適合穿稍微合身一點。

長度

可依需求上摺一次或捲起來。

棉質褲比較輕便舒適，相較於牛仔褲，顏色選擇也更多樣。天氣熱時不妨捲起褲腳，既涼爽又能營造休閒感。

男性衣櫥中最被低估的單品是什麼？就是色彩鮮艷的奇諾褲！不過這裡同樣要遵守基本穿搭原則，選擇顏色低調的衣物搭配，稍微壓制奇諾褲的「艷氣」。

羊毛褲

羊毛褲適合秋冬穿著，樣式也比較正式。可與西裝外套搭配成套，但如果是以質感比較粗糙的質料製成，如棉質羊毛混紡斜紋布，則帶有粗獷的氣息。

羊毛褲不容易與休閒感較強的單品搭配協調，

不過如果搭得巧妙，例如配上素雅的休閒鞋或剪裁寬鬆的 T 恤，可以營造令人眼睛一亮的對比效果。擁有優質羊毛長褲的品牌其實不多，值得推薦的包括 Marc Jacobs（120 歐元）、Paul & Joe（100 歐元）等，COS 甚至品質更好，而且只要 89 歐元。Melindagloss 的部分款式也不錯（145 歐元）。

第 三 章

西裝：
穿出樂趣

在男士衣櫥中，西裝是自成一格、不太受流行影響的單品。這種服裝當然屬於正式穿著，但只要掌握一些重要原則，西裝也可以為你的穿搭風格帶來有趣的變化。

穿西裝不只是為了不被老闆白眼，這種服裝可以為你塑造體面的廓型……或讓你看起來像個布袋，而決定權在你！當然，本書的目標是協助你朝體面的方向邁進。

西裝外套

西裝外套充滿學問，若要細細分析，恐怕就超出本書主題。在此我們省略令人望而生畏的技術細節，只說明幾個重點，讓你迅速了解如何判斷你手上西裝外套的做工好壞，還有是否適合你。

—— 長度 ——

儘管這點經常被忽略，長度卻是選購西裝的基本考量。有人認為較長的西裝外套可以使身形顯得修長，這個說法雖然不完全錯，但別忘了，過長的西裝外套會讓你的腿部顯得較短。換句話說，如果你身高不高且有點福態，最好不要穿太長的西裝外套，以免變成短腿族。

正確的西裝外套長度是，雙手自然垂放時，下擺約位於掌心。後側下擺絕不能完全遮住臀部。

如果你身材高瘦，可以把西裝外套略為改短，因為略短的上衣會稍微壓扁你的廓型，減少「削瘦」的視覺效果，加強上半身的分量感。

—— 腰身 ——

西裝的腰身指的是什麼？就是上衣側邊及背面與你的上半身曲線契合的方式。許多男性穿著過於寬鬆的西裝外套，看起來就像披著降落傘，非常不雅觀。他們都忘了穿著西裝非但不是為了掩蓋身形，反而是為了突顯身材特質。

因此，西裝腰身的重要程度不言而喻。從正面看，西裝外套兩側應該要形成漂亮的曲線，最窄處稍微高於腰際，但不要窄到容易產生皺摺。

西裝外套如果腰身太緊，就容易產生明顯皺摺，側面的凹處將不會形成柔美的曲線，而是巨大的摺痕，千萬要避免。同理，從側面看，外套後側要順著你的背部曲線而下，臀部位置不能翹起。

NOTE 注意

目前有一種奇怪的流行是穿著腰身過窄的西裝。在此，鄭重強調，除非你想讓自己變成水蛇腰，否則請避免選擇這種剪裁。太小、太緊的西裝都不好，西裝以適度合身為宜，不可過於貼身。

用藍色襯衫搭配灰色西裝非常正確。為了穿出具特色的整體造型，我們選擇帶點圖案的灰色面料、稍短的剪裁，並在胸前口袋放條袋巾，營造些許高雅氣息，皮鞋當然是保養良好的優等貨。

—— 肩部 ——

選購西裝時，除了腰身以外，最重要的考量無疑就是肩部。特別留意肩線位置及袖子垂墜程度是否符合你的肩膀線條。肩線必須位在肩膀邊緣，絕不能懸在肩膀外。

男士選購西裝時常犯的錯就是購買太大的尺碼。這麼做的理由不外乎「可以穿比較久」，但這句話其實等於「我準備長期扮演布袋」。穿著過大的西裝真的很難看，穿著者看起來會活像跟爸爸借衣服穿的小男孩。

至於選擇有墊肩或無墊肩款式（後者即「自然肩」，或「拿坡里肩」），我們的原則是：除非你擁有足球員般的魁梧身材，否則不要買無墊肩西裝。無墊肩西裝對大部分男性來說風險較高，容易使整體廓型失去俐落感，甚至顯得軟趴趴。但是過度強調墊肩的西裝（這是 1990 年代廉價西裝的特色）也不好，為秉持一貫的優雅風格，挑選墊肩款式應注重整體的協調感。輕薄而不醒目的墊肩能夠勾勒出清晰的肩部線條，又能維持肩膀的自然斜度，這樣的穿著效果最好。

—— 袖襱 ——

這項細節也相當重要。談到西裝的袖子如何組裝最為理想，全世界的裁縫師至今依然爭論不休，這部分筆者就不多談。不過我們要強調，袖子的組裝方式對腰身有很大的影響。袖襱（也就是大身與袖子連接處的「洞」）太寬不只容易妨礙身體活動，而且會壓迫到西裝的腰身，使腰身修改作業變得非常困難。因此，買入門級或中級西裝時要很小心，如果你找到一套看起來不錯的西裝，但價格不到 700 歐元，一定要注意袖襱會不會太大。

—— 翻領 ——

西裝上衣結構最後一項重要細節就是翻領。首先來談談不同翻領寬度帶來的效果。一般而言，翻領寬度應該跟穿著者的肩膀寬度成比例，太寬的翻領會加強水平效果、壓扁廓型，太窄的翻領則相反。理想的翻領寬度應該相當於翻領內緣（即靠近領帶那一側）與肩部縫線之間距離的三分之一到二分之一。除非你是超級穿搭高手，懂得如何把「奇裝異服」穿成「另類優雅」而非「神經病」，否則絕對不要挑選小於三分之一或大於二分之一的翻領。

✳ 細節 1 － 領片設計

許多人不會注意到這個細節，但其實領片有兩種。第一種是比較常見，上下領片間有 V 字型缺口的「標準翻領」（也稱「缺口翻領」或「西裝領」），另一種則是「尖角翻領」（也稱「劍領」）。標準翻領適合工作和大多數場合，尖角翻領則主要見於燕尾服等晚禮服，不宜在工作時穿著。不過雙排扣西裝則是例外，這種西裝通常都採用尖角翻領，在一般工作場所穿著也不成問題。

✳ 細節 2 － 外套鈕扣要打開還是扣上？

一般禮儀是站立時扣上，坐下時打開。坐下時之所以打開鈕扣其實也有實際考量，因為不打開的話鈕扣一帶會受到擠壓，不但會有不雅觀的皺褶，而且容易使西裝受損。

肩線
必須位在肩膀邊緣，
絕不能懸在肩膀外。

美麗的三件式西裝搭配漂亮的領帶是高雅男裝的極致典範。不要害怕穿得這麼體面！

西裝的腰身在扣上鈕扣後才會真正顯現。這時西裝表面只能有少許不明顯的拉撐褶痕從中間鈕扣往外放射，西裝側面則應該相當貼合身體。

西裝褲

西裝褲需要留意的事也不少，包括寬度、長度、形狀等。在此我們要教各位讀者如何辨別優美的西裝褲與鬆垮的降落傘。

—— 長度，垂墜感 ——

第一個要點是長度。許多人對西裝褲長度的看法不太正確，其實長度只有一個原則：褲腿必須直挺挺地往下垂落，只在最底部形成一道彎摺。褲腳則雅致地落在鞋面上，穿著者無論站立或走動，都不會露出襪子。

這點絕無討價還價的空間。穿著過短的西裝褲就像在大聲嚷嚷：「看我的襪子是什麼顏色！」只有鼓吹廉價時尚的媒體才會教你這樣穿。過長的西裝褲穿起來則像是手風琴，

層層疊疊的皺摺不僅難看，也使你的腿看起來變短，整體廓型則顯得鬆垮。

—— 胯部及臀部 ——

選購西裝褲也要留意胯部及臀部。這兩個部位通常會有點寬鬆，需要略作修改，否則會讓人覺得你的身體好像懸在褲子裡。其實整套西裝都是同樣道理：最大的忌諱就是讓人覺得你彷彿整個人懸在過大的西裝裡。所以修改非常重要，不過不要改得太緊，不然胯部容易磨損或撐裂。

領帶

領帶是正式裝扮的重要元素。以下簡單介紹各種建議及注意事項。

西裝褲大可選擇漂亮的顏色，這樣比較好搭配西裝外套以外的衣物。

—— 寬度 ——

除了顏色，挑選領帶時最容易犯錯的環節就數寬度了。領帶寬度應該與穿著者的胸部寬度成比例，多數男士以 5 公分為宜，最福態的人可以買到 7 公分。身材修長的人配戴時下流行的窄版領帶很帥氣，不過這種領帶不適用於正式的工作場合。如果你屬於中等身材，盡量選擇 5 公分的領帶，不要買到 7 公分（編注：在台灣，寬度 5 到 7 公分的領帶適用一般商務及休閒場合，8 公分則只適用於商務場合。）。過寬的領帶會占去胸口太多比例，使你顯得瘦小。

—— 領結 ——

領結的打法見仁見智，不過基本上在工作場所打半溫莎結或全溫莎結最合適。簡單結或義大利結比較休閒，不適用工作場合。記得要把領結打得飽滿，並拉到頂端。鬆弛型的領結打法無法緊密貼合領口，休閒感過強，跟簡單結一樣都不該出現在專業場合。

—— 長度 ——

時尚界對於領帶長度也同樣莫衷一是。不過所有人都同意，領帶既不是圍兜，也不是「重點部位」的延伸。具體來說，領帶底端（「劍尖」）應該及於腰帶扣，不要太高也不要太低。（如果穿的是高腰褲或吊帶褲，那就可以低過腰帶，不過這兩種褲子現在少有人穿了。）

反覆打領結，直到「劍尖」能碰到腰帶扣為止。一開始可能無法掌握，但抓到要領後就會變得如習慣般自然。領帶長度非常重要，打得太短就像嬰兒的圍兜，太長則顯得懶散、無精打采，兩者都不合乎大眾品味。（在這點上，大眾倒是難得展現了一次好品味。）

有了無懈可擊的西裝外套、襯衫和眼鏡，不妨搭配一條顏色搶眼的領帶，為整體造型帶來活力。

除了顏色，
挑選領帶時最容易犯錯的
環節就數寬度了。
領帶寬度
應該與穿著者的
胸部寬度成比例。

顏色

哪些顏色的西裝適合工作場合？深灰色系（從深灰到黑灰）和海軍藍。在穿著風格特別保守的銀行、顧問公司、會計師事務所等正式工作場所，不要穿純黑、咖啡色、淺灰、淺藍色西裝。

若你工作的地方觀念比較開放，如媒體或公關公司，就不見得要完全遵守以上規則。不過在絕大多數場合，深灰和海軍藍還是比較保險。

雖然適合上班穿的顏色不多，但其實這樣的穿著風景並不如我們想像的單調乏味。深灰和深藍也可以有很多變化，而且現在的西裝非常流行條紋設計，幾乎各式各樣的條紋都可接受。因此我們可以試著在條紋上玩點遊戲，不必局限於無條紋的單色款。

款式選擇

—— 600 歐元以下 ——

平價西裝的首選是 Zara 和 Devred，價格150 歐元左右，這些西裝的剪裁都還不錯。不過如果你的預算比這多上一點，不妨也考慮看看 Ugo Baldini、Danyberd、COS、BrooksBrothers 等品牌（大約 250 歐元）。雖然這些西裝也算平價，不過性價比基本上都很好。

中級品牌方面，我們首推 Wicket 的西裝（500 歐元左右），雖然價格高了不少，不過品質令人驚艷，包括極為講究的腰身剪裁、下擺做加重處理、袖口有真鈕門（鈕扣可解開，方便袖子捲起）等高級西裝的要件。

Melindagloss 的西裝價格又跳升一級，不過打折時會降到600 歐元以下，非常值得購買。

—— 600 到 1,300 歐元 ——

在成衣市場上，這個價位的做工和剪裁已經相當講究，選擇也非常多。我們最喜歡的品牌包括：

* Melindagloss（巴黎）：結構感良好的經典款西裝。（750 歐元）
* Ly Adams（巴黎）：款式多，設計好，質料獨特（750 歐元）。
* La Comédie Humaine（巴黎）：剪裁非常具現代感（外套比較短，長褲較合身）。（600 歐元）
* Richard James（倫敦薩維街男裝區）：簡單而有型，價格不會太高（低於 1,000 歐元）。Richard James 的全襯西裝款式價格合理，剪裁細緻，面料低調優雅而質感良好，在工作場合也能表現出眾品味。
* Ozwald Boateng（倫敦薩維街男裝區）：每套西裝的價格幾乎都是 1,300 歐元，剪裁非常陽剛，面料也非常講究，筆者很喜歡他們家的西裝。不過要注意，不是每種款式都

適合上班穿，有些款式的設計細節獨創性太強，例如用鈕扣裝飾的翻領等。

* Husbands 的西裝價格大約在 1,400 歐元左右，是這個價位中性價比最好的選擇，其他品牌的同等級商品大多要兩、三倍左右價錢。這個品牌的西裝屬於不退流行的雋永風格，筆者一眼就愛上。

* Maison Scavini（巴黎）：這個品牌的裁縫總監朱里安為人謙虛、體貼，充滿教學和分享熱誠，也非常了解男性的穿著需求，讓我們佩服不已。價格略高，半訂製款西裝一套大約 1,600 歐元。

—— 2,500 歐元以上——

這是高級訂製款或奢華品牌的西裝價格。

筆者推薦的品牌包括 Brioni（非常經典）、Kiton、Cifonelli、Smalto（較具有現代感，筆者很喜歡該品牌標準翻領的領片缺口設計）、Tom Ford（不過這個品牌有九成九的西裝款式不適合上班穿著）。如果你的預算足以購買這個等級的西裝，也可以考慮到倫敦的 Henry Poole 訂製專屬於你的頂級兩件式西裝。這裡不同於 Anderson & Sheppard 或 Huntsmann，不會拘泥於自家設計風格。

照片中的西裝背部剪裁非常好，皺褶很少，而且有效勾勒出穿著者的身形，下腰部的剪裁也非常完美。

樸素的白襯衫不妨搭上較具創意的西裝，例如這套以藍灰色羊毛面料製作、擁有細緻藍色和米色線條的西裝。另外再搭配一件顏色鮮明的配件也不嫌太過。

第 四 章

T 恤：
看似簡單卻神通廣大

LE Tee-shirt : LA PIÈCE PASSE-PARTOUT

時尚入門者可以從單色 T 恤下手，這種 T 恤好買好穿，無論穿在連帽運動衫底下或夏天時單穿都很方便，是非常實用的基本單品。不過，T 恤的用處也最被低估。

V 領 T 恤在冬天非常實用，可以穿在襯衫或毛衣底下而不顯露出來。不過太深的 V 領不要買，以免暴露出肌肉鬆軟或胸毛濃密等你可能想掩蓋的缺點。

圓領 T 恤也不錯，不過這種款式比較傳統，用途也沒這麼多。注意不要選擇把脖子束得太緊的圓領，這樣並不好看。

盡量避免印花 T 恤，除非你的審美眼光真的不錯，而且就算要買，也以不過於誇張的設計為原則。不要因為圖案漂亮或有趣就買，印有品牌商標或無聊標語的 T 恤更要敬而遠之。

American Vintage 及 American Apparel 的 T 恤都很不錯，雖然有點昂貴（25 歐元）。從經濟角度來說，我們最推薦 Monoprix 的 T 恤（10歐元）。你可以多買幾件不同顏色的 T 恤（白色、砂色、海軍藍、灰色等等）來自由穿搭。

選擇雲紋灰 T 恤，如 American Apparel 的 Heather Gray 款式等，可營造自然的休閒風格。除此以外，Unconditional 的 T 恤、COS 或 Benjamin Jezequel 的圓領透明 T 及 Sixpack 的獨特印花 T 等，也都頗受男士喜愛。

T 恤採購指南

1. 肩線應該位於肩膀邊緣，基本上達到這項標準就算合身。

2. 胸部稍微緊貼，沒有太多寬鬆的皺褶。

3. 腰部不可太緊，也不可太鬆垮，要能巧妙地垂墜在下腰部。

4. 袖子長度到二頭肌最為理想，不可以長到手肘。

5. 下擺低過腰帶一些，但不可遮住整個臀部。

V 領 T 恤
在冬天非常實用，
可以穿在襯衫
或毛衣底下而不顯露出來。

選購印花 T 恤，一開始最好以圖案比較低調的白色 T 恤為主。

獨特的印花設計適合非常休閒風格的打扮。

藍白條紋水手 T 恤好穿搭又不退流行，堪稱經典款單品。由於樣式簡單，可以用設計比較繁複的百慕達褲來搭配。

襯衫：
打造優雅外型的必要物件

LA CHEMISE :
LA MEILLEURE AMIE DE L'ÉLÉGANCE

一般認為白襯衫是最經典的男裝基本單品。白襯衫能夠表現男性魅力、力量、教養等特質，而且就如同牛仔褲及灰色西裝外套，幾乎可搭配任何服裝。因此，各位男士不妨多買幾件白襯衫！

領子的重要性

首先我們把焦點放在領子。正式款襯衫的領子一定要硬挺有型，洗滌後會亂翹的領子非常糟糕。選購襯衫時，如果看到領口部位塞有小墊片，通常表示這件襯衫品質不錯。水手布或牛津布製的休閒襯衫當然不在此限，這種襯衫的領子軟垂是正常現象。

襯衫的領子相當於臉孔的底座，因此開口寬度（兩個領尖之間的距離）最好配合你的臉部形狀。長臉的人如果選擇開口較窄的領型（即標準領），臉部容易顯得更長，所以最好選購開口稍微寬些的款式。

換句話說：
＊扁臉、寬臉要選擇開口小的領型。
＊長臉比較適合搭配切角領或半切角領。這類領子目前相當流行，可以在視覺上把長臉稍微拉寬。

＊美式襯衫領（鈕扣領）從 1990 年代末期開始被專業人士擯棄。如果你很喜歡這種襯衫，可以在周末或度假時穿，上班時還是留在衣櫥裡比較明智。

如果你打算到泰國或土耳其度假，可以考慮在當地訂做襯衫。出發前把你最喜歡的襯衫拿去給師傅稍做修改，將合身程度和剪裁提升至完美，然後在度假期間請當地裁縫師按照這件襯衫多做幾件相同款式。這些度假勝地有許多裁縫師傅，你可以挑選店面備有優質布料的店家，先請師傅試做一件，如果滿意再多訂做四、五件。通常這種訂做襯衫一件不過超過 30 歐元。筆者不太建議在當地直接量身訂製便宜襯衫，按照上述方式去做會比較穩當，因為完美的版型並非一蹴可幾。大部分師傅都可以依據既有版型做出好襯衫，但能按照現場量身結果做出好襯衫的人並不多。

款式選擇

白襯衫很容易髒，所以除非你荷包夠深，否則平常上班或交際應酬穿的白襯衫不必買太貴，不然萬一滴到紅酒恐怕會讓你心痛不已。買 40 歐元的就好。H&M、COS、英國品牌 TM Lewin（可以網購）的襯衫價格都很平實，品質也不錯，工作或吃喝玩樂時穿都比較讓人放心。你可以多買幾件不同顏色，如粉藍色、灰色，以及低調的條紋或格紋設計款。近來 Hast 推出的 54 歐元單一價襯衫廣受好評。

如果你經常需要穿得西裝筆挺，幾乎每天都離不開襯衫，那就更要注重襯衫的品質而非設計，因為你的襯衫會經常需要洗滌（從全新到穿舊丟棄為止，至少會洗上 50 次），而且襯衫大部分時間都躲在西裝外套下，設計再精美也沒有太大意義。請特別留意領子是否夠硬挺。

① 領子：襯衫領子務必講求硬挺，休閒款除外。留意開口寬度（領尖之間的距離）。

② 肩部：跟其他類型上衣一樣，襯衫的肩線要剛好落在肩膀邊緣。

③ 胸部：胸部必須合身，不能太緊。許多人的襯衫穿得太鬆垮，看起來就像披著降落傘，整體廓型也因此走樣。襯衫無論選擇略寬鬆的直版剪裁或有腰身的剪裁，都應該適度貼合身體。

④ 腋下：這部分不能有過多布料，免得出現難看的鼓脹。

⑤ 腰部：襯衫下擺與身體之間大約要能容納一個拳頭。

⑥ 長度：記住，正式款襯衫是要塞進褲子裡的，所以不能太短，免得下擺一直跑出來。休閒襯衫則經常露在褲子外，所以不用太長，大約到腰帶下方即可，跟 T 恤的長度相當或略長些。

⑦ 袖長：襯衫袖子最好選擇法式反摺袖，長度以手臂彎曲時超過西裝外套袖口兩到三公分為原則，也就是稍微露出袖口鈕扣，但不要超過這個長度。

剪裁良好的白襯衫任何時候都可以派上用場，不過請特別留意肩部剪裁一定要完美無瑕。

111

第 六 章

連帽衣及針織衫：
暖呼呼好過冬

LES HOODIES ET LES MAILLES :
PASSEZ L'HIVER AVEC SÉRÉNITÉ

在此我們把重點放在連帽衣而不是毛衣或 polo 衫，因為連帽衣的穿搭可能性其實很多元，而且已經逐漸擺脫運動服的形象，堂堂跨入休閒服的領域。

選購連帽衣

連帽衣是能夠隨性穿著的服裝類型。不過我們不建議購買運動型連帽衣，這類品項通常因為採用刷毛材質而偏厚，做運動或懶得打扮時可以穿，但穿搭彈性終究低於棉質、羊毛或喀什米爾羊毛的連帽衣。這種衣物的厚度會讓你很難再穿上別件衣物，刷毛襯裡則會使穿著者顯得肥胖。

因此，最好挑選質料比一般連帽運動衣更高級的品項。以高級面料製作的休閒服裝會帶有一種有趣的對比效果。

色彩方面，建議選購灰色、砂色、乳色系，顏色太俗豔、張揚的款式最好敬而遠之。

如果你的連帽衣是這種中性色，可以適度搭配色彩比較亮麗的單品，以免整體效果顯得平淡。

連帽衣採購指南

① 肩線應位於肩膀邊緣，這點你已經知道了。

② 剪裁要合身，不可過於寬大，腋下部位不可有多餘布料。

③ 材質不要太厚，顏色不要太搶眼。選擇羊毛或棉料製、色彩柔和者最理想。

如果底下穿的是簡單的白 T 恤，那就特別適合搭配材質講究的連帽衣。

其他類型上衣

如果你認為連帽衣是給高中生穿的，或者你的穿搭風格比較正式，沒關係，你也可以穿 polo 衫、毛衣等類型的上衣。這些上衣基本上也不宜選擇太厚的款式，理由同連帽衣。

毛衣的 V 領深一點沒關係，這點與 T 恤不同，因為毛衣不是直接貼著身體，所以沒有暴露胸部「缺點」的風險。開襟毛衣的領口則一定要開到胸肌以下。

比較厚的毛衣（如安哥拉羊毛、粗織羊毛製品、較厚的喀什米爾羊毛衣）可以視為完全不同的服裝類型。事實上，這種毛衣的功能比較像輕便外套，不算基本款服裝。這種衣服通常會穿很多年，所以品質方面不可以妥協。

款式選擇

在 H&M 及 GAP 可以用 30 歐元左右買到不錯的連帽衣和其他類型上衣。棉質上衣不需要挑選高出這個價位太多的款式。在 Monoprix 可以買到 80 歐元左右的優質羊毛連帽衣及薄毛衣，性價比相當好。

至於較厚的喀什米爾羊毛衣或安哥拉羊毛衣等，預算就必須高一些。義大利品牌 Loro Piana 的產品品質精良，但也較昂貴（400 歐元）。針織衫方面，法國品牌 Six & Sept 是很好的參考指標。

高領套頭毛衣可以為廓型增添分量感。天氣寒冷時不妨多加利用！

輕便且做工講究的開襟衫跟襯衫搭配起來很好看。稍微大一點沒關係，這樣會更有休閒感。

第 七 章

西裝外套：
任何場合皆可穿

選擇西裝外套（有些款式稱為獵裝）是個複雜的風格課題，不過只要用心學習就能掌握。這項課題之所以複雜，是因為標準很高：我們得花很多時間精力才能找到真正適合自己的西裝外套。這種服裝價錢不便宜，因此最好多試穿幾件再下手。

不過請放心，你的努力會有回報的。只要挑到一件好看的灰色系西裝外套，這服裝將可以陪伴你出入許多不同場合。西裝外套的功能非常多元，可以搭配大多數單品，某些情況下甚至可以把袖子捲起來穿。

我們建議你先選購中等灰度的西裝外套，因為這是最容易搭配的顏色。不過海軍藍或黑色也是很好的選擇。

幾顆鈕扣比較好？

西裝外套款式繁多，初學者最好先買剪裁簡單的單鈕扣或雙鈕扣款式。三鈕扣西裝外套有點過時，而且容易把你的廓型切成上下兩半，使你看起來縮了一號，所以建議你不要冒這個險。盡可能挑選單排扣款式，因為雙排扣西裝外套雖然適合重要場合，可是在工作場所就顯得太招搖了。

剪裁完美的西裝外套很容易與色彩單純的服裝搭配。腰身剪裁非常重要，因為這個細節可以為你刻畫俐落的廓型。如果你偏好顏色簡單大方的獵裝，那就更要留意剪裁。

肩部是重要關鍵。
肩部與袖子的轉折角度必須清楚俐落，
不可有多餘衣料造成皺摺。

① 肩部是關鍵。肩膀與手臂的轉折處必須俐落有型，角度清楚明確，沒有皺褶和多餘布料。

② 背部及領口附近的皺褶越少越好。

③ 如何判斷剪裁優劣：不扣鈕扣也能勾勒出勻稱的下腰部線條，就是理想的腰身剪裁。

④ 如何選擇合適尺寸：扣上鈕扣時，腰部應感覺略微收緊（鈕扣兩側出現些許皺摺），側面也要有一點點緊繃感。腹部和外套之間約可放進一個拳頭。

⑤ 如何選擇正確長度：身體直立、雙臂自然垂放時，下緣約略切齊手心位置。手臂打直時襯衫袖子應能露出外套袖口1公分左右，手臂彎曲（例如跟人握手）時則不超過2或3公分。

筆者了解，要找到滿足所有條件的衣物並不容易，尤其穿著者的體型比較特別時更是如此。不過不必氣餒，有志者事竟成，只要努力尋找，一定可以找到適合你的西裝外套。萬一真的遍尋不著，那就放寬一些條件，把焦點擺在肩部的合身程度與腰身剪裁，買到衣服以後再請師傅修改尺寸（第4點）和長度（第5點）。

款式選擇

就算預算不高，可選購的款式還是不少，首先可以到這些店看看：H&M（60歐元）、Zara（120歐元）、COS（160歐元）。這些品牌確實有些剪裁精美的西裝外套，特別是H&M，不過面料品質及做工比較不講究。入手後一樣要請師傅做些修改，使衣物完美契合你的身形。

如果你十分注重品質，可以參考瑞典品牌Filippa K（300歐元）及Acne（「Aktie」款，400歐元）。Melindagloss（450歐元）、La Comédie Humaine（395歐元）的西裝外套也都很出色。

做工精美、剪裁獨具創意的西裝外套非常吸睛，當然價格也不可能親民。值得考慮的選項包括 éclectic 的科技感西裝外套（650歐元）、Ozwald Boateng（600歐元）、Dior Homme（800歐元）等。此外還有要價數千歐元的CCP。

簡單的灰色系西裝外套很適合搭配顏色比較豐富或有圖案設計的襯衫。

第 八 章

冬季大衣：
保暖也要有型

LE MANTEAU D'HIVER :
ÊTRE AU CHAUD AVEC STYLE

選購大衣的原則

在各種大衣中，我們建議優先購買卡班大衣，如果你身高超過 180 公分，則可以購買風衣樣式的羊毛大衣。較具休閒感的牛角扣粗呢大衣也是很好的選擇。

不要忽略大衣應有的各種功能。你所選擇的大衣有沒有足夠的口袋可以放個人小物？有沒有一對位置適中的口袋供雙手保暖？領子能否確實圍住頸部，使你不著涼？還有最重要的，這件大衣夠不夠保暖？為了確保達到上述標準，我們應選擇有機質料（比如毛料或喀什米爾羊毛），而非合成質料。毛料能夠調節溫度，比合成質料更能有效保暖，也有助於排出身體的濕氣。

大衣合身與否也影響功能：尺寸過大的大衣容易讓冷空氣灌入，剪裁合身的大衣則可以有效防止這點。

顏色方面，海軍藍既好搭配也頗具個性，灰色則比較正統。近年褐色大衣已經退流行，所以暫時不要買。

大衣合身與否
也影響功能：
剪裁合身的大衣
可以防止冷風灌入。

大衣採購指南

① **肩部**：跟西裝外套一樣，肩部剪裁必須清晰明確，角度俐落有型，不可鬆軟塌癟。

② **腰身**：選擇略具腰身的款式。大衣如果太寬鬆，保暖功能就會降低。

③ **長度**：袖子必須能遮住手腕。大衣長度不要超過膝蓋，卡班大衣的長度則不要超過腰帶下方太多。

款式選擇

筆者首推 Melindagloss，他們的大衣（420 歐元）性價比之高，其他品牌均難以望其項背。Bill Tornade 也有些不錯的大衣（400 歐元），不過 Neil Barrett 和 Wooyoungmi（都在 700 歐元）更是萬無一失，而且表現出品牌的獨特創意，可為你打造引人注目的冬季穿搭廓型。

軍裝風格的風衣（有雙排扣）很好穿，可以陪伴你度過很多個冬季。

背後這條繫腰帶可依穿著者需求束住大衣腰部，呈現不同腰身效果。

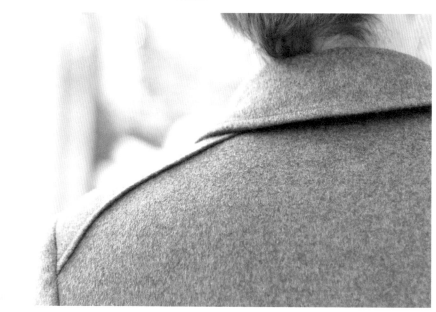

大衣是每年冬天都可穿著的單品，也是冬季穿搭廓型的要角，所以不但質料要講究，能夠散發美好光澤與色彩也是必備要件。

第 九 章

皮外套：
不是搖滾明星的專屬品

LA VESTE EN CUIR :
ELLE N'EST PAS RÉSERVÉE AUX STARS DU ROCK

風險與潛力兼具的穿搭物件

皮外套無疑是男士衣櫥裡最陽剛的服裝品項，很容易讓人聯想到重機騎士、戰鬥機飛行員及其他冒險犯難的角色。皮外套就如同風衣及某些獵裝，可以讓穿著者充滿男性氣慨。不過，選購皮外套比一般人想像的要困難許多。

皮外套屬於比較昂貴的品項，但不是必需品，可以用尼龍外套或棉質外套替代。與質料較好的服裝搭配時，皮革的品質優劣會馬上顯現，劣質皮革是騙不了人的。談到質料，別忘了皮革很容易磨損，而且非常需要保養。另外，皮外套不易挑選，市面上充斥著剪裁不佳或品質不良的款式，必須累積相當經驗才能挑到真正優質的好皮衣。

皮外套的品質與價格

皮外套的兩大缺點是價格昂貴和相對脆弱。皮革品質極為重要，採用優質皮革的皮外套一定不會便宜，質感好、設計優的皮外套通常一件在 500 歐元以上，低於這個價位就不容易找到

好的皮外套。不過，我們在本章末會提供一些祕訣，讓你不必為了買皮外套而傾家蕩產。

不過請注意，再好的皮外套也難以應付紅酒潑濺等意外，而且小小的刮傷也可能造成很大的損害。所以一定要好好呵護皮外套，每一季都要用嬰兒潤膚霜滋潤保養，發現任何縫線鬆脫就要立刻縫補。為了選到品質良好的皮革，請驅策你的視覺、觸覺、嗅覺共同合作，發揮最大戰力。優質皮革一定是柔軟的，不會粗糙生硬。用手指觸壓皮革時會像合成乳膠那樣輕微地吱咯作響。皮革的毛細孔無論大小或分布情形都應該是細緻、均勻且規則的，毛細孔越是緊實細緻，皮革質感越高。然後是嗅覺，好的皮革具有細膩柔和的氣味，這也是天然產物的證明。鞣革作業草率的皮革則會散發臭味。最後，別忘了確認皮外套背部、胸部及袖子的皮革品質一致。

如何買到好的皮外套？

—— 不要到二手服裝店選購 ——

只要你曾造訪 Martin Margiela、Dior 等品牌名店，接觸過他們的高級皮外套，就大概知道怎麼評估皮外套的品質，選購時也比較不會出錯。基本上筆者不建議買二手店的皮外套，筆者本身雖然非常喜歡到二手店選購衣物，可是真的很少在這類店家看到合格的皮衣。所以，不必浪費寶貴的時間精力到那裡找皮外套。

皮外套
就如同風衣及某些獵裝，
可以讓穿著者
充滿男性氣慨。

皮外套無疑是男士衣櫥裡最陽剛的服裝品項。模特兒腳下的運動鞋乍看不太搭調，卻是營造寫意風格的關鍵。

—— 準備充足預算 ——

如果你的預算相當充足,要找到符合穿著風格和體型的皮外套就不是難事。大部分高級皮外套都很值得投資,我們推薦的品牌包括Wooyoungmi、Neil Barrett、Rick Owens、Margiela、Robert Geller、Séraphin、Costume National 等。如果你有機會逛逛春天百貨或拉法葉百貨男裝部,也可以在那裡發掘其他好品牌。

—— 如何挑選 ——

適合現代男士的皮衣不見得是最常見的那幾款。盡量不要買重機騎士喜愛的 perfecto 交叉襟皮外套,一般人比較適合袖口及下擺有鬆緊設計的飛行員夾克。下擺最好適度合身,不要太緊也不要太寬。至於腰身剪裁則可依個人喜好挑選適合自己身形及品味的樣式。基本上要挑選試穿時感覺略緊的皮衣,因為皮革有一定程度的延展能力,會隨著穿著者的身形逐漸調整。由於肩部及腋下比較容易變形,購買時就要注意這部位的剪裁是否良好,剪裁不好的皮衣一旦變形就會變得很難看。

—— 相對便宜的解決方案 ——

不是每個人都有閒錢買昂貴的皮外套,所幸還是有些比較經濟的方式可以圓夢。有時在Zara、GAP、H&M 等大眾成衣連鎖店可以看到不錯的皮衣,不過可能要逛好幾個月才會找到真正適合自己的寶貝。而且這些店家提供的款式雖然品質不錯,可是設計就比較普通一些,價格也不算便宜。正因為如此,我們會建議你忍痛多掏出 200 歐元,直接買件高級貨。

中級品方面,放眼男裝市場,Sandro 和

要找到價格合理又正點的皮外套極不容易。但如果買到合身的優質皮外套,便可為你塑造充滿個性的穿搭風格。

Aviatic 的剪裁最完美。

Blackscissors 是筆者非常推薦的網路品牌。這個品牌會復刻一些設計師款皮外套（如 Balenciaga、Owens、Margiela），價格則相當合理，品質也不錯，主要使用納帕軟羊皮（即 nappa，這種全粒面皮革經過特殊鞣革處理，既柔軟又耐用）。不過在逛他們的網路商店以前，可以先瀏覽一些時尚討論區，學習皮外套款式的知識，因為這個品牌的皮外套剪裁有時略嫌詭異或太長，先做點功課比較不容易買錯。

我們認為買到夢幻逸品的最好方式是透過討論區的私人交易廣告，有些網友會以難以想像的優惠價格出售他們的 Rick Owens 或 Robert Geller 皮外套。

這件 Julius 皮外套無論剪裁、設計、質地均屬上乘。

Surface to Air 每季都會推出很好看的皮外套。

第 十 章

輕便外套：
穿大衣嫌熱時的搭配好物

LA VESTE D'ÉTÉ :
QUAND IL FAIT TROP CHAUD SOUS LE MANTEAU

天氣涼爽時，除了風衣和略顯正式的西裝外套，也可以穿比較休閒而富年輕氣息的輕便外套，如薄夾克。

選購標準

── 肩部 ──

肩部是關鍵，肩線必須與肩膀邊緣切齊，這樣肩膀輪廓才會清晰。

── 剪裁 ──

這個問題有點麻煩，一般成衣店的外套大都採用鬆緊式下擺（即下擺採用鬆緊帶並覆以布料，將底部收緊）。這種設計是飛行員外套的一大特色，但除非你身材夠高壯，否則平價的飛行員夾外套十之八九穿起來都不好看，尤其背部下緣很容易往上跑到腰際。下擺沒有鬆緊帶的外套則不會有這種問題。

── 材質 ──

提到外套這個服裝類別，許多人會馬上想到皮外套，不過皮革並不是這類衣物中最常見的材質。

外套不要買太貼身的，要預留底下能夠多穿兩件衣服（例如襯衫加毛衣）的空間。

有點涼意的季節適合穿著各式輕便外套，你可以測試棉質、丹寧布甚至絲質外套的穿著感是否舒適。不過儘量避免刷毛材質，因為這種材質不但不防水，而且非常不透氣。

襯裡也要特別留意。絲質面料、襯裡為聚酯材質的外套在天氣不那麼冷時便容易讓人覺得悶熱。

── 顏色與圖案 ──

輕便外套最好不要選黑色，因為穿著目的還是以涼爽為主，不是為了保暖，而且黑色其實不是那麼好搭配。

白色外套也要避免，這種服裝經常出現在春夏季廣告中，但廣告裡的光線不是白色就是很明亮，適合展現白色衣物的美感，而且衣服都會修改得完美無瑕，但現實生活中的環境條件並沒有這麼好。筆者認為選購藍、灰、褐等色系的薄外套還是比較穩當。

外套底下可以搭配 T 恤，買 Asos 的就不錯，選擇容易搭配的顏色（如海軍藍、白），一件大約 50 歐元。

挑選第一件外套以基本款為原則，不要買表面有刺繡的「橫須賀外套」。這種款式的流行通常都是曇花一現，買來穿不到幾次就退流行了。

款式選擇

── 入門級商品 ──

Asos 網路商店有一些丹寧布外套剪裁很好，50 多歐元起即可購得，另有一些不錯的 T 恤可以搭配。不過這些外套材質比較普通，而且尺碼可能不太精確，需要經過一番退換貨程序才能買到正確尺碼。COS 的外套品質相當穩定，色澤素雅、造型相當講究的防風

外套一件 150 到 200 歐元，質感及設計明顯優於一般成衣店的同類商品。Uniqlo 也是不錯的選擇，尤其是與 Jil Sander 合作推出的系列。

—— 中級商品 ——

有些中級品牌從街頭風穿搭汲取靈感，提供不錯的外套款式，特別是 Homecore、Études、Misericorda、Still Good（這個品牌風格最年輕、價格也最親民）等。Surface to Air 稍微貴些，不過他們的牛仔外套很棒，毛料 皮革混搭的外套也超好看（後者比較適合秋冬穿著）。Les Chats Perchés 也有款式多元的丹寧布外套，展現細緻的藍色調變化，而且有適合身材比較嬌小的男士穿著的尺碼。

—— 高級商品 ——

接著來到高級部分。Melindagloss 每季都會推出非常不同的款式，因此很難概括說明風格，不過筆者對該品牌 2013 年春夏系列中的對比色丹寧布外套印象深刻。La

Comédie Humaine 也有很多很棒的作品。選購 Wooyoungmi 的輕便外套基本上不會出錯，如果你想買質感超好、剪裁完美的真絲外套，趕快到他們的店裡試穿看看（不過目前在法國還不容易找到這個品牌的專櫃）。Filippa K、Acne、Our Legacy 就如同 COS，都有典型北歐素雅風設計的輕便外套，一件 300 到 400 歐元（10200 到 13600 台幣）。A.P.C. 常喜歡用上等材質重新演繹經典古著，做工精美紮實，令人愛不釋手，此外，他們有許多外套款式都有提供 XS 號尺碼。

—— 還有嗎？ ——

如果你的預算超過 400 歐元，可以前往 Dior、Balenciaga、Rick Owens 這些奢華名店。巴黎瑪黑區的 Aviatic 有一些風格類似 Rick Owens 的外套。Baron Y 這個小眾高級品牌的外套保證令你驚豔。另外，某些以女裝聞名的品牌（例如 Lutz）也會推出品質很好的迷你男裝系列。2012 年夏季，筆者參加該品牌的私人特賣會時，用不到 200 歐元就買到原價 400 歐元的純絲雙面外套。

連肩袖設計的夾克外套對各種體型的人來說都很安全，不用擔心變成垂肩膀。

深藍色棉質薄外套很適合春夏季穿著，天氣變熱時也能輕鬆摺疊，收進背包裡。

第十一章

腰帶：
不可忽視的配件

LA CEINTURE :
L'ACCESSOIRE À NE PAS NÉGLIGERU

就穿搭而言，腰帶不只是配件，而是「必要物件」。若你只能買一條腰帶，很簡單：選質地柔軟的黑色真皮腰帶就對了。

如果你穿的是西裝，那就盡量選擇繫扣設計簡單而雅緻的細腰帶，有品牌商標的款式及其他花式設計都要避免。顏色可以選擇與皮鞋同色，但不是一定得這麼做，這點與一般人的認知不大相同。

其他時候（例如穿牛仔褲時）需要搭配比較寬的腰帶。這時一樣要講求低調，不過腰帶扣大一點沒關係。

購買第二條甚至更多腰帶時，可以選擇樣式類似的褐色款，然後你可以在材質及顏色選擇上多做變化，買條異國風皮革（如鴕鳥皮）或灰色、海軍藍等較少見的腰帶顏色，都可以幫助你發揮穿搭創意。

SUGGESTIONS 購買建議

—軍事用品店販售的褐色寬大厚實型腰帶（15歐元）。
—按法華百貨自有品牌 Galeries Lafayette 或 COS 的褐色細腰帶（30歐元）。
—無印良品的橙褐色厚腰帶（30歐元）。
— Losco 的客製化腰帶（54歐元，僅在巴黎的專賣店販售）。
— L'Aiglon 的腰帶（80歐元）。

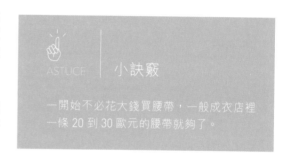

ASTUCE | 小訣竅

一開始不必花大錢買腰帶，一般成衣店裡一條 20 到 30 歐元的腰帶就夠了。

以植物鞣製皮革製成的褐色腰帶，用久後會呈現充滿個性的光澤與美感。

第 十 二 章

鞋履：
從頭到腳都要優雅

LES CHAUSSURES :
L'ÉLÉGANCE JUSQU'AU BOUT DES PIEDS

衣帽間裡哪類單品最能讓你盡情享受穿搭樂趣？就是鞋子！

本章將詳細介紹男鞋，協助你評估自己的需求，了解自己需要何種價位與風格的鞋子，在哪些場合穿著。筆者會探討許多重要細節，並提供各種判斷鞋履品質的訣竅。

不受潮流影響的經典鞋款

經典鞋款在正式宴會及許多工作場合是不可或缺的單品。

預算：一雙小牛皮或羔羊皮質正式鞋款的基本價位約為 200 歐元，高級鞋款當然更高價。

—— 牛津鞋 ——

牛津鞋是最經典、高雅的正式鞋款，諸如 Berluti 等奢華鞋履品牌無不在這種款式上使出渾身解數。

牛津鞋精緻華美，有些有沖孔裝飾，最大特色在於鞋襟設計。牛津鞋的兩片襟片（即繫鞋帶處）與鞋面是同一塊皮革，這塊皮革中間切開一道缺口，就是鞋襟的開口（這種設計讓牛津鞋顯得美麗而高雅，但也使得繫鞋帶變得稍微困難些）。許多人認為牛津鞋的設計有點單調乏味，但其實這種鞋款向來用於搭配西裝或正式長褲，所以在設計上比較低調、簡潔，也因此牛津鞋並不適合搭配淺色牛仔褲或者休閒感較強的褲子。

有些品牌（例如 Heyraud）推出了價格合理、品質優良的演化版牛津鞋，經常採用雙色設計（黑／灰、黑／海軍藍等等），或是為鞋面加上細緻的沖孔。這些鞋款就很適合經典的男性穿搭：牛仔褲加西裝外套。

—— 德比鞋 ——

許多人喜愛德比鞋勝過牛津鞋，德比鞋的線條比較粗獷，休閒感比較強，在設計上與布爾喬亞味濃厚的牛津鞋有兩大差異：

第一是德比鞋的兩片襟片是分開的，因此鞋襟可以開得比較寬。

第二是德比鞋主要採用固特異式工法來組裝鞋底（詳見 130 頁），所以鞋底會比較大。

德比鞋比較不正式，適用場合也相對廣些，與原色牛仔褲加西裝外套的裝扮也非常契合，能夠打造介於正式與休閒之間的平衡風格，讓男士在任何場合都能高雅得體。

另外，德比鞋很適合玩對比效果（色彩對比、質料對比等），可幫助你在經典風格中表現獨特個性，不過注意不要表現得太過。冬季時可以選擇雅致的灰色或毛褐色，夏天則可選擇米色款式，並搭配質感良好的海軍藍棉質褲或牛仔褲。

褐色牛津鞋是男性優雅風範的寫照，所有男性都應該擁有！

—— 短靴 ——

短靴與牛仔褲十分搭調，也能賦予穿著者陽剛氣息。

某些皮革材質能夠賦予短靴正式感。一般而言，平滑有光澤的皮革，會比反面皮革（如麂皮）或刻意做舊的皮革要來得高雅體面。

—— 莫卡辛鞋 ——

最後要介紹的經典鞋款是莫卡辛鞋。這種鞋子早期是上流社會男士的專利，直到現在，莫卡辛鞋依然會為穿著者帶來布爾喬亞氣息。不過請小心，別把自己打扮成大家心目中某種典型的刻板印象：穿打摺西裝褲，鮭魚粉紅色襯衫乖乖塞進褲腰，毛衣故作悠閒地綁在肩頸上，這是很久以前有錢人家公子哥兒的標準裝扮，但現在這副「紈褲子弟」形象則成了笑話！

比較合理的穿搭方式是搭配棉褲，褲腳稍微摺起，再加上休閒襯衫（如水手布襯衫）。這樣你就可以享受莫卡辛鞋帶來的舒適感與灑脫氣息，而不會穿得像典型的紈褲子弟。

短靴容易使穿著者的腳看起來比較大，所以如果你本來就有雙龐大的大腳，那就有點麻煩。這類鞋款經常是用一塊皮革製做的，鞋型一氣呵成，不會有縫線或面料接合處「切割」鞋身。到店裡實際試穿你就會明白這點。

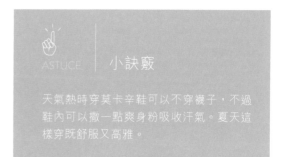

ASTUCE | 小訣竅

天氣熱時穿莫卡辛鞋可以不穿襪子，不過鞋內可以撒一點爽身粉吸收汗氣。夏天這樣穿既舒服又高雅。

短靴跟牛津鞋一樣充滿男性魅力，可是相較於牛津鞋的拘謹，短靴顯得比較休閒。

── 戰鬥靴及越野靴 ──

戰鬥靴及越野靴已經成為男裝中的常見品項。這類鞋款的設計靈感來自軍裝,個性十足,可為休閒風格增添一些陽剛氣,特別適合身材比較魁梧的男士。

建議讀者穿這種鞋子時,可搭配長度及於鞋筒上緣的深色牛仔褲。選擇褐色或帶陳舊感的米色鞋款會更有特色,搭配多口袋夾克則能表現旅行家的氣息。擅長這種穿搭風格的人會懂得搭配厚面料(如牛津布或日本棉布)休閒衫和西裝外套,塑造對比鮮明的粗獷風格。

試穿時要穿著厚襪子,才不會買到錯誤尺碼。因為這種鞋子比較硬,必須搭配厚襪子穿著才會感到舒適。入手後,不必怕傷害鞋子,穿著這雙鞋上山下海,一段時日後皮革才會顯現更迷人的古舊感。

這類鞋款品質較好者,價格大約從 200 歐元起跳。

戰鬥靴的個性強烈,最好等你的衣櫥已經擁有不少穿搭物件以後才購買,以免找不到合適的衣物搭配。

── 沙漠靴 ──

沙漠靴有很多優點,近年來可說已成為男士衣櫥中的必備品。第一大優點是沙漠靴的顏色通常很柔和(如米黃色或海軍藍),因此適合搭配絕大多數單品。

除了不適合配西裝褲以外,沙漠靴可以搭配各式各樣的褲子(奇諾褲、牛仔褲等等),上身則可以穿 polo 衫,配上休閒襯衫或獵裝也都很合適。

第二大優點是,由於沙漠靴大多是高統鞋而且線條圓潤,再加上這類鞋款常採用生膠鞋底,所以穿起來很舒適。此外還有一個長處:這種鞋子的組裝工法並不複雜,因此價格頗為親民,花 150 歐元就可以買到品質良好的款式。

洽卡靴(chukka)的鞋形與沙漠靴相同,鞋底則與短靴同樣採用皮革材質,因此比較耐穿,可是也比較昂貴。穿搭方式則跟一般沙漠靴相同。

如何判斷皮革品質？

皮革鞋履是高雅男士風範的表徵，這種材質不但美觀大方，而且質地紮實。只要品質夠好，皮革會越舊越有味道，能夠表現歲月的風華。

—— 常見的皮革有哪些？ ——

首先介紹最常見的小牛皮。這種皮革細緻、堅韌，表面光滑細柔，其中最柔軟的種類稱為「紋皮」（boxcalf）。紋皮是以鉻鹽鞣製小牛皮而成，皮面光亮細滑，彷彿經過拋光處理，美得令人讚嘆。

年輕成牛皮（法文稱為 vachette）具有類似小牛皮的特質，不過細緻和柔軟程度略遜一籌。許多鞋款也會採用羔羊皮，這種皮革比小牛皮更細緻柔軟，非常適合夏季穿著。羔羊皮不必使用金屬鹽鞣劑處理就極為美觀，而且能夠很快穿出迷人的古舊感，但是也很容易沾染髒污。順道一提，所謂「植物鞣製皮革」，指的是以樹皮鞣劑而非金屬鹽鞣劑鞣製的皮革。

小牛皮和羔羊皮可以加工處理成絨面革（即麂皮及磨砂革，後者又稱「牛巴革」），這兩種材質經常用於沙漠靴。

現在你對皮革已經有了基本認識，接下來筆者要介紹判斷皮革品質的訣竅。

優質皮革在白日光線下會呈現美好光澤。評估皮革製品的品質和顏色時，可以拿到日光下觀察。

—— 外表美觀 ——

你夢想中的皮鞋應該具有美麗的外觀。表面光滑是優質皮革的表徵，如果皮革表面有血管痕跡或凹凸不平，或者彷彿被針扎過，就代表品質有很大問題。

要判斷粒面皮革或印有紋理的皮革品質好壞，首要標準是表面紋理的規則程度。一般而言，皮革會散發自然光澤，如果你挑選皮鞋時無法斷定材質是真皮還是合成皮，那就擺回展示櫃吧！有個簡單的判斷標準是：皮革的光澤質感越像是上過清漆，或者帶有鏡面光澤，品質可能就越差。

絨面革由於經過打磨處理，因此表面的規整程度也可作為基本的判斷標準。換句話說，做工不佳的絨面革表面質感就會不均勻，看起來不美觀。這種缺陷一目瞭然，即使是穿搭新手應該也看得出來。

在此特別說明，雖然所有人都希望買到完美的皮鞋，但別忘了高貴的皮革自然也價格不斐。頂級鞋款一定是天價，因此如果你挑到的鞋子有一、兩個小缺點，但價格合理，可以睜一隻眼閉一隻眼。

最後再提醒一件事，品質良好的皮鞋被折彎後，表面不該留下無法消除的痕跡，頂多只有輕微的皺痕，這是優質皮革的特徵，如果皺痕明顯，就代表皮革品質不佳。

觸感舒適

許多皮革商喜歡強調皮革是一種極具官能感的質料，幾乎每種皮革都有自己的的個性。沒錯，皮革是性格鮮明的有機質料，大多質地柔軟，如果做過處理，表面紋路會顯得很規則。反之，當你感覺某塊皮革的觸感很「冷酷」，質感類似塑料，那就絕對不用考慮。

絨面革的觸感更特別，摸起來像桃子皮，你就算閉著眼睛也可以辨別出這種皮革。而且一定要用觸摸的方式檢驗，這種皮革的觸感應該要非常舒適。你可以做一項簡單的測試：用手指在皮革上描繪一個圖案。如果絨面處理得好，圖案就很容易形成，再用手拂過表面，圖案則會立刻消失。

你拿想中的皮鞋
應該具有手麗的外觀。
表面光滑
是優質皮革的表徵。
如果皮革表面
有血管眼跡或凹凸不平，
或者彷彿被針扎過，
就代表
品質有很大問題。

縫線，鞋底，組裝

鞋底的品質不難判斷。橡膠及生膠製的鞋底穿起來非常舒服，但很容易穿壞，而且很難修理。

正式鞋款的鞋底大多是皮革材質，比橡膠或生膠硬，但不能硬得像金屬，必須要能稍微折彎。皮鞋置放於平面上時，基本上應該是鞋跟和鞋胸（腳尖後方的位置）接觸平面，而且鞋跟完全貼平。至於網球鞋、帆布鞋以及其他無跟鞋款，整片鞋底應該完全貼合平面。

鞋履的組裝法，指的就是鞋底和鞋身組合的方式。常見的組裝法有四種，從最脆弱到最紮實的方式分別為：黏貼法、布雷克工法、固特異工法和挪威式工法。

黏貼法

黏貼法沒有縫合程序，不會用到紗線，只是用熱黏劑把鞋底貼到鞋身上。這種組裝方式不太牢固，雨天穿著特別容易損壞。挑選比較正式的都會鞋要避開這種組裝法，但如果是挑選價格不高（低於 100 歐元）的運動鞋就還可以接受。

布雷克工法

布雷克工法是縫合加上黏貼，工序算簡單，鞋幹（鞋體上部的皮革）及鞋底是在鞋內墊片下方縫合。只要把鞋內墊片拿起來，就可以看到縫線，如果鞋底下沒有再加一層外底，我們也可以在鞋底上看到縫線。縫線規則代表做工講究，縫洞不能大過紗線，否則鞋子容易進水。

── 固特異工法 ──

固特異工法就是在鞋幹和鞋底間另外嵌入一層皮革後組裝，這層皮革稱為皮襯條。固特異工法很容易辨別，這種鞋子整片鞋底周圍都會有縫線，彷彿人行道圍繞的廣場。組裝良好的鞋款，縫線應該是連續而規則的。

ATTENTION 注意

有些不肖廠商會用縫線裝飾來仿造固特異工法的外觀，因此選購時一定要仔細檢查。

── 挪威式工法 ──

挪威式工法非常紮實，非常適用於戰鬥靴類鞋款（如 Heschung 的戰鬥靴）。這種組裝方法原則上與固特異法相似，但在鞋子外側多了兩道縫線。

如果製造商
對於隱蔽的細節也相當用心，
就表示其他方面
如皮革及組裝品質等，
應該也非常可靠。

檢查細節：從何判斷品質？

除了皮革及組裝品質，我們也可以從做工細節看出皮鞋品質。基本上，如果製造商對於隱蔽的細節也相當用心，就表示其他方面如皮革及組裝品質等，應該也非常可靠。

＊縫線：連結皮鞋各部件的縫線必須清楚俐落，針腳整齊而規則。每公分針腳數目越多，就表示做工越精細。雙排平行縫法又比單排縫法堅固。

鞋子常受壓迫的部位則應該加強針腳。

＊沖孔：牛津鞋及德比鞋鞋面上常見的沖孔應該要清晰整齊，如果沖孔形狀不規則，甚至有皮革碎片卡在裡面，那這雙鞋就不必考慮。此外，沖孔過大也不甚美觀，而且過大的孔洞容易被張力撐得更大，使皮革受損。鞋帶孔方面，最好內面嵌有金屬鞋眼，這樣的鞋帶孔才更堅固。通常只有昂貴的高級鞋履才會在這個細節上下工夫。

＊內側：鞋內也暗藏學問。如果內壁及鞋墊上有皮質襯裡，便可保證鞋子品質良好。尤其如果襯裡覆蓋整片鞋墊而非只有一半面積，就表示鞋子品質更加上乘。

＊強化部：所謂強化部就是在皮鞋側邊（特別是最常摩擦的鞋跟）加上的皮革強化層。用手觸壓便能感受到這部位非常堅固（鞋跟處甚至十分堅硬），而且不會變形。

鞋油刷得漂亮、鞋尖呈現美麗光澤，都能使穿著者顯得高貴、氣派。從照片也可注意到褐色的鞋子與灰色長褲非常搭調。

選擇合適尺碼

試穿鞋子的最好時機是早上，如果你周間早上要上班，沒機會逛鞋店，那就在周末出門逛街時先造訪鞋店。筆者無意干擾你的生活步調，而是因為忙碌了一整天以後，你的腳部會疲勞腫脹，腳形也受你今天穿的鞋子影響，這時試穿新鞋並不理想。

假設你走進鞋店，找到一雙夢想中的鞋款，穿上後卻因為鞋子太硬而感到疼痛。這是無法避免的事。這時店員會微笑著告訴你：「不必擔心，鞋子會慢慢撐大。」可是你記得有個朋友說自己曾為了盡快結束採買而聽從店員建議，買下一雙有點緊的鞋，後來卻因為穿著感不適而從沒穿出門過。面對這兩種說法，你該相信誰？其實兩邊都有道理。

皮革是會舒張的材質，所以穿著久後會逐漸感到舒適，鞋底也會因為摩擦而逐漸變得柔軟。

以固特異工法組裝的新鞋給人感覺最硬。皮鞋長度則不可能改變，所以不要期望過短的鞋子穿久以後會變長。非正式鞋款（如網球鞋、沙漠靴等）通常在試穿時就應該令人感覺舒適，因為這些鞋款本來就比較柔軟。

還有一個關鍵，就是兩隻腳都要試穿，而且要站起來走一走，才知道是不是真的合腳。

第 十 三 章

休閒鞋：
你的腳也需要鬆口氣

LLES SNEAKERS :
UN PEU DE RÉPIT POUR VOS PIEDS

我們不可能每天都穿正式皮鞋，原因之一是這種鞋吸收衝擊的能力低於休閒鞋，長期穿著容易使背部出問題。另一個原因是皮鞋需要休養生息，讓皮革有時間好好呼吸並恢復形狀。從這兩點來看，不時穿著休閒鞋確實是件好事。

休閒鞋著重輕鬆舒適，有點類似運動鞋，但更具時尚感。在此提醒，跑步鞋只適合運動時穿，休閒鞋則不宜劇烈運動，兩者用途完全不同。

風格休閒不代表你可以亂買一通，選適合你的年齡和風格的休閒鞋是需要一些訣竅的。

選貨建議

- German Army Trainers 的休閒鞋（25 歐元）
- 180g 概念商店重新彩繪的 Nike Dunk 鞋款（180 歐元）
- 0044 的休閒鞋（250 歐元）
- Lanvin 的深藍色仿絨麂皮休閒鞋（300 歐元）
- National Standard 的鞋款（180 歐元）
- Margiela 中筒休閒靴（450 歐元）
- Low Ball Common Projects 的休閒鞋（150 歐元）

我適合穿休閒鞋嗎？

不少人會擔心這個問題，所以筆者在此稍作探討，並以問答方式呈現：

「我以為這本書要教我優雅的穿搭，而不是教我穿運動鞋！」

只要我們釐清「休閒鞋」的定義，就會發現這兩件事其實完全不衝突。我們要再次聲明，本章討論的是休閒鞋而不是運動鞋。請你把慢跑鞋、籃球鞋留著上健身房和周日慢跑穿，這些鞋類不在本書的討論範圍內。當然，休閒鞋可說是「風格化的運動鞋」，但除此之外，這種鞋子與跑步、打球等運動並無關係。休閒鞋屬於都會時尚領域，功能是應付都市生活，且提供寬廣的創意空間，因此當代的時尚設計師無不努力推出自己的休閒鞋款，這點毫不令人訝異。

「四十多歲還穿休閒鞋，看起來不會像拒絕長大的青少年嗎？」

除非你穿的是有蝙蝠俠圖案和魔鬼氈的鞋子，否則穿休閒鞋絕對不會被認為是不成熟的象徵。各種年齡層的人都能在市面上找到合適的休閒鞋，Nike Air 或 Converse 或許比較適合二十幾歲青少年，但有很多設計低調的款式完全適合熟齡男士。除非你本來就不喜歡休閒鞋，否則四、五十歲穿也絕對不成問題。

「我平常出入的都是比較正式的場所，這樣還需要休閒鞋嗎？」

就算你的工作場所很正式，至少周末時你不需要穿得跟上班一樣吧？就筆者所知，只要搭配得宜，所有人都適合穿休閒鞋。雖然休閒鞋是街頭流行文化的產物，卻能輕鬆融入成熟甚至正式的穿著風格。設計低調的休閒鞋款可為拘謹的穿搭風格帶來一縷輕鬆感。從事夜間活動或周末上電影院時穿休閒鞋一點也不奇怪，在這些時候仍維持上班的穿著（西裝、襯衫、正式皮鞋）反而顯得你不懂生活的藝術。所以請多體貼自己的腳，除非是去聽歌劇或上高級餐廳，否則就給休閒鞋多一點發揮空間吧！

如何挑選休閒鞋？

先前提過，休閒鞋不是運動鞋（或許很久以前是，但如今情況早已有所改變）。所以除非你要運動，否則請把網球鞋、跑步鞋、籃球鞋留在鞋櫃裡。穿運動鞋逛街或出席社交場合是常見的穿搭錯誤。

有個更常見的錯誤，是選擇外型肖似都會鞋款的褐色或黑色皮質休閒鞋。這種鞋毫無品味可言，**千萬不要買**。如果你需要正式的都會鞋，那就買都會鞋，如果你需要的是休閒鞋，那就穿真正的休閒鞋。穿搭不像速食，無法一次滿足多種需求。

明白了這點，接下來就是學習選購休閒鞋。款式選擇應該以低調、素淨、雅致為原則，同時要能展現個性。就如同選購衣服，避免顏色艷麗、有大大的品牌商標，或印花太搶眼、設計太誇張的款式。最恰當的顏色是中性色：灰色、乳白色、藍色或白色。許多人喜歡黑色休閒鞋，這點我們不贊同，其實黑色並不如一般人想像的那樣百搭。

形狀當然也很重要。不要買體積太巨大的樣式，休閒鞋要有點輕盈與修長感，彷彿腿部的自然延伸，這樣穿起來才會好看。筆者喜歡白底的休閒鞋，因為這樣容易突顯鞋子的設計。另外，休閒鞋的品質可以從鞋底做工一窺大概，高級品牌的休閒鞋會兼用黏貼與縫合工法。

判斷中級休閒鞋的做工品質則稍微困難些，因為這類鞋款大都採用黏貼法組裝。不過以下幾點還是值得參考：

黏貼做工講究，鞋子上沒有留下黏劑痕跡。
鞋子的外形規整。
彎折鞋子時，鞋底仍完整貼合鞋身。

穿高統休閒鞋時，褲腳應自然垂落在鞋舌上方，展現完整的鞋款設計。

接著來討論這無可避免的問題：低統休閒鞋好還是高統休閒鞋好？

低統休閒鞋穿脫方便，也容易搭配，褲腳開口寬度 20 到 22 公分的褲子（即半修身和直筒款式）都可搭。別忘了，褲腳寬度要與鞋子尺寸成比例，因為：

太寬的開口會把鞋子蓋住，在整體穿著廓型中造成「斷層」。 太窄的開口則容易使腳部顯得巨大。

高統休閒鞋比較不容易搭配。基本上，身高不到 170 公分的男士最好不要穿高統鞋，否則腿部會顯短。如果你自認身高不傲人，穿這種鞋無異於強調自己的缺點。

如果你適合穿高統鞋，這種鞋便能為你打造別具風格的造型。高統鞋與低統鞋正好相反，應該搭配褲腳開口較窄（小於 21 公分）的褲子，因為這樣的褲子容易塞進鞋筒，在腳踝處作出有型的皺褶堆疊效果。

款式選擇

—— 50 歐元以下 ——

這個價格不容易買到品質好又有設計感的鞋款。休閒鞋的技術需求有點超過 Bensimon 及 Victoria 的能力了，這類品牌做簡單的帆布鞋還行，休閒鞋就很勉強。不過某些老牌子（如 Converse、Vans）會有平價休閒鞋款，二手店裡也可以看到一些不錯的款式，這些都值得參考。

* 軍事訓練鞋：German Army Trainers（GAT）或義大利海軍的網球鞋。這些鞋款可以在二手成衣店或軍事用品店買到。

* Converse Chuck Taylor 或 Jack Purcell：設計出色，價位合理，色彩選擇多。

* Vans Era：性價比略勝 Converse，不過不要買 Syndicate 系列，尤其不要選擇有方格布料那種可怕的款式。這個品牌目前逐漸提升等級，品質有顯著提升。

別以為休閒鞋不適合搭西裝褲，其實高級休閒鞋搭配正式長褲是很好看的，而且鞋子有點舊的話更能表現個性。

—— 50 到 150 歐元 ——

大部分休閒鞋的價格落在 50 到 150 歐元之間。許多款式不值一顧，不過某些老牌子（Nike、Adidas、Puma）一直維持在水準上，也有一些新進品牌在品質及設計上努力跟進。

* Nike：這個牌子常將經典鞋款重新設計再推出，如 Nike Dunk、Blazer、Air Force、Terminator、Vandal 等，原因很簡單：這些經典款式不會過時。如果你想要更具現代感的款式，可以選購造型有點像洽卡靴的 Nike Toki 及參考帆船鞋設計的 Nike Janoski。

* Adidas：跟 Nike 一樣，最好從復古經典款挑選（Adidas Originals），或選購歷久不衰的經典款（Superstar、Stan Smith、Forum、Campus、Gazelle）。

* Puma：好的款式沒這麼多，不過某些復古經典款還是值得留意，特別是 Lifestyle Classic 和 Super CC。

* Supra：鞋形不錯，材質也好。我們特別推薦 Skytop 及 Vaider 高統款。

休閒鞋
著重輕鬆舒適，
有點類似運動鞋，
但更具時尚感。

如果要買設計非常簡單的休閒鞋，不妨考慮材質和做工較講究的款式。

一開始最好挑選顏色簡單的款式，例如白色、灰色、米色。

——150 到 300 歐元——

這個價位的休閒鞋擁有一定程度的品質，設計也很講究，很值得選購。

* Android：Android 的高級休閒鞋價格相當合理，細節處理也讓人讚不絕口。設計有點類似 Lanvin，不過魔鬼氈用得稍微多些。

* National Standard：這個法國品牌的休閒鞋正如其名（「國家標準」），中規中矩、不搞花俏，性價比則高得無話可說。

* All Saints：也是很棒的休閒鞋，折扣季時會提供非常優惠的價格。

* Nike Air Jordan：這是高級版的 Nike 休閒鞋，設計非常獨特，做工也很講究。筆者很喜歡 1 到 3 代，5 到 8 代及 11 代的款式。

* Supra：這個牌子也以高品質休閒鞋著稱，不過當然是「一分錢一分貨」。筆者特別推薦 TK、Skytop 2 等款式。

* Wing + Horns：這個加拿大品牌的休閒鞋真的很好看，質感很接近 Lanvin、Givenchy 及其他頂級品牌。

* Common Project：這個牌子經常被忽略，因為他們的低調設計款有點類似 Converse 鞋款或洽卡靴。價格不便宜，可是品質絕不馬虎。

——300 歐元以上——

這個價位以上就是知名設計師的作品了。雖然有時價格令人咋舌，可是在材質和設計上真的下了非常多工夫。

再次提醒，只要按照筆者提供的訣竅購物，就可以省下不少錢，有時可以用半價甚至三分之一的價格買到名牌休閒鞋。不過，即使能拿到這麼低的價格，還是要知所節制，不要衝動購買。筆者在此特別強調這點，是因為筆者身邊有些朋友熱愛休閒鞋成痴，而且常忍不住購買衝動，結果讓家裡幾乎成了休閒鞋博物館。

在高級鞋款方面，筆者要特別推薦以下設計師及品牌：Lanvin、Kris Van Assche、Giuliano Fujiwara、Dior Homme、Neil Barrett、Maison Martin Margiela、Pierre Hardy、Balenciaga、Givenchy、Yves Saint Laurent。

休閒鞋需不需要保養？

休閒鞋顧名思義，是休閒時穿的鞋款，所以最好能表現「休閒感」，說得白些就是帶有一點髒污。除非情況特殊（例如以 Lanvin 低統休閒鞋搭配西裝），否則休閒鞋沾點灰塵或有幾道刮痕都無傷大雅。順道一提，鞋帶不要綁得太緊，稍微寬鬆不但比較舒適，還可以加強整體造型的休閒感。

當然，我們沒必要特地穿上休閒鞋踩進泥濘，不過鞋子乾淨無瑕會讓人覺得你像是剛從折扣店走出來。不必多說你也知道，鞋子外觀太新穎反而不利於打造輕鬆、自在的穿著風格。

總而言之，讓你的休閒鞋保持自然樣貌，當你覺得鞋子太髒時用濕布擦一擦就好。如果是皮質休閒鞋，保養方式與正式鞋履相同，偶爾可以使用滋養霜保養。

夏季鞋款

夏天時我們喜歡穿輕盈的棉質或麻質混紡服裝，鞋子的選擇也該如此，輕便而休閒感強烈的鞋款可以帶來舒適的穿著感。

要打造合宜的夏季穿搭造型很簡單。用白色或顏色鮮艷的低統網球鞋（風格類似 Lacoste 的 Marcel Chunky 款）搭配淺色牛仔褲或棉褲，或是剪裁良好的百慕達褲，就能為你帶來一身夏日氣息。

草編鞋的穿搭原則大致相同，這種鞋子的鞋底是用草繩編結而成，穿著感非常舒適。不過出門逛街或宴會場合盡量避免穿著，因為休閒感太重了。

穿這兩種適合周末的休閒鞋款，可以捲起一點褲腳，尤其天氣酷熱時感覺會更涼爽。

穿草編鞋要留意下雨狀況，這種鞋子的鞋底如果受潮便很容易散開或掉色，因為它會吸收草繩，破壞結構。

休閒鞋顧名思義，
是休閒時穿的鞋款，
所以最好能
表現「休閒感」，
說得白些
就是帶有一點髒污。

低統休閒鞋很容易搭配，尤其適合輕鬆休閒的穿搭風格。

熱愛休閒鞋的人可以考慮選購一些顏色鮮豔亮麗的款式，為你的穿搭造型增添年輕氣息。

ENTRETIEN

RÉMI DE LAGUINTANE, MATHIEU DE MÉNONVILLE, MELINDAGLOSS

特別採訪

| 雷米・德拉康坦
| 馬修・德梅儂維爾
MELINDAGLOSS

創立 Melindagloss 的動機是？
成立 Melindagloss 是幾年前我們還在讀哲學時的事。當時的想法很簡單，就是為消費者提供富創意的高品質服飾，而且價格要比一般高級品更可親。

品牌系列商品的設計靈感從何而來？
我們的設計出發點是做出我們自己會想穿的衣服，由個人欲望推動，建構出一整套服飾系列。一旦決定某季主題，我們就開始思考有哪些質料、色彩、造形適合這項主題，然後藉此建立初步的情緒收集版和系列服飾設計草案。

你們有多重視質料選擇？
我們認為質料是最重要的，這是服裝的基本構成元素，或說是技術上的出發點。除了質感、顏色、紋理等外觀上的元素，我們也很注意布料的結構和成份。以毛料為例，毛料可以有數百種不同的編織方式，能夠創造不同的觸感、律動感、體積感，以及隨著時間變化的方式。

你們使用過哪些原創的質料？
我們主要採用天然質料，如美麗諾羊毛、真絲、犛牛毛、毛海等。可是如同前文所說，我們利用這些質料的結構，創造種類繁多的面料。我們有時也會運用幾種性質截然不同的質料來創造對比，例如 2014 年夏季我們就用了氯丁橡膠。

你們如何判斷質料優劣？
主要是透過觸感。美麗的質料應該要閉著眼睛都能

摸出來。基本上這是感受力而非技術的問題，這種感受力是隨著時間自然培養出來的。

有沒有可能在穿搭上充分表現創意，而不讓自己變得像小丑？
這就是我們品牌努力的方向！我們當然可以在穿著上表現豐富創意而不至過頭。最美妙的藝術傑作不見得是最「搶眼」的，這個道理也適用於時尚。創意首重獨特，我們應該不斷回歸自我，探索自己的品味及感受力。

如何只靠休閒風單品（polo 衫、T 恤、毛衣、質地柔軟的休閒襯衫）穿出高雅風格？
有些休閒服本身就給人高雅的感覺，關鍵同樣在於質料。我們可以利用這類單品與其他品項營造強烈對比。從正式到休閒之間可以有很多種變化，任何人都可以混搭不同元素，打造自我風格。

有獎徵答：大名鼎鼎的 Melinda 是何方神聖？
從來沒有人知道，因為故事版本實在太多了。

影片連結：bngl.fr/mathieu

馬修本人完美演繹自家品牌的 AND 系列服飾。這系列休閒
服的剪裁完美，質料也非常講究。

位於巴黎「女士街」（rue Madame）的品牌店販售著高級天
然質料製成的服飾，完美體現品牌精神。

ALLER PLUS LOIN SUR LE CHEMIN DU STYLE

穿搭風格的進階之道

第 一 章

風格，質料，色彩：
對比是一切的關鍵

LESSTYLES, MATIÈRES, COULEURS :
TOUT EST UNE QUESTION DE CONTRASTES

要徹底了解一套穿搭造型，並從中獲取靈感，你必須學會從三種層面分析這套穿搭。

第一層是風格的對比。第二層最容易理解，就是質料的對比。第三層是色彩對比，這一種最顯而易見，但卻不是最重要的。

良好的穿搭建立在這些對比之上。嘗試創造各種對比會讓你的穿搭風格更加犀利，或能突顯你身材上的優點。對比也能夠修飾身材缺點，例如腿比較短的人可以運用各種對比轉移觀者目光，並讓腿部顯長。

ATTENTION 注意

你可以用這三種對比拆解你所欣賞的穿搭造型，然後將學到的知識吸收轉化為你的穿搭直覺。「化為直覺」這件事非常重要，因為每天早上你站在鏡子前打理穿著時，不會有時間搬出這套理論分析每件衣服。

風格對比

第一層是風格的對比。有時我們會看到某些獨特的穿搭造型，卻說不上那獨特感從何而來……其實很可能就來自風格的對比！

此外，時尚雜誌中的穿搭造型大多根據一項相當易懂的原則：以正式風格、明確結構對比非正式風格與休閒感。這項簡單的概念將為你帶來更多搭配可能：

* 休閒鞋（休閒）＋羊毛長褲（正式）＋T 恤（休閒）。
* 設計款 T 恤（休閒）＋西裝外套（正式）。
* 襯衫及西裝外套（正式）＋色彩鮮豔的圍巾（休閒）。
* 圍巾領開襟衫（不退流行的經典款）＋T 恤（休閒）。
* 質地輕盈的襯衫（休閒衣物）＋素雅的灰色西裝外套（正式）。
* 方格襯衫及針織羊毛領帶（休閒）＋素簡的西裝外套（正式）。
* 奇諾褲及素雅的休閒鞋（休閒）＋襯衫、領帶及西裝外套（正式）。
* 軍裝外套（極休閒）＋精美襯衫及領帶（結構感明確）。
* 棉質西裝（正式但略帶休閒感）＋素雅的休閒鞋（休閒）。

筆者建議你逛服飾店時盡量嘗試各種對比效果。例如，假設你穿著一身正式簡約的服裝走進服飾店，不妨試搭一條色彩鮮豔的圍巾。如果你全身都是休閒服（夾克、牛仔褲、T 恤配上休閒鞋），那就試著搭配獵裝或較正式的長褲。

筆者向你保證，多多嘗試，腦海中便會浮現許多新的穿搭點子，而這正是你所需要的，因為一般人初學穿搭時往往缺乏創意，而創意是在服飾店或自家鏡子前不斷試穿、琢磨出來的。

不過鞋類搭配有幾點要留意。T恤不能單獨搭配牛津鞋及德比鞋等正式鞋款，必須加上一件正式的外套。

同理，要用全套西裝搭配休閒鞋，鞋子必須是高級材質、做工講究的高級款式才行。Lanvin針對這種穿法推出許多合適的休閒鞋，有興趣的讀者可以多多參考。至於混搭正式感服裝和粗獷工作靴的穿法，初學者不容易拿捏分寸，最好先不要輕易嘗試。

總之，風格對比沒有不變的通則，剛入門時可以保守些，累積足夠經驗以後再逐漸加強對比。

當你把正式／休閒對比發揮得淋漓盡致，會達到什麼樣的效果？無法創造風格對比時，可以用哪些方式達到對比效果？下文正是要探討這些問題。

時尚雜誌中
的穿搭造型
大多根據一項
相當易懂的原則：
以正式風格、
明確結構對比
非正式風格
與休閒感。

這套穿搭的風格對比非常鮮明，正式的襯衫和領帶配上粗獷的鞋子，再加上帶有休閒感的刷毛長褲。

質料對比

材質也可以創造穿搭上的對比。如果你覺得全身只有一種質料（通常是棉布）的穿法缺乏變化，可以加入一件針織、皮革或丹寧布質料的服裝，打造更具分量感與紮實感的造型。

質料對比包括以下多種面向：

—— 平滑對比粗獷 ——

你可以用棉質府綢 T 恤搭配平針織、厚丹寧、羊毛法蘭絨或麻布等較具粗獷感的質料。某些配件和服裝細節也可以表現粗獷感，例如麻質圍巾、外套的木質鈕扣或牛角扣等。

—— 霧面對比亮面 ——

不同質料的反光能力差異也可以用來塑造對比。尤其兩種顏色近似但反光能力不同的質料搭配，更能塑造有趣的對比。最經典的例子是以黑色皮革外套搭配炭灰色 T 恤。

—— 均勻對比紋理 ——

道理相同，不過這次是運用紋理，例如用平滑皮革搭配有紋理的皮革。搭配兩件厚度不同的針織服裝，或者穿一件由兩種不同厚度的針織面料組成的服裝，都可以帶來紋理對比效果。

請特別注意質料的品質優劣。用質料玩對比容易突顯質料特性，因此面料品質相當重要。品質低劣的皮革或色彩黯淡的棉布在對比效果下會變得非常明顯。

最後是一點建議，如果你已經在色彩上創造對比，就不要營造太戲劇化的質料對比。相反地，要創造細膩的質料對比，則應該選擇相近的色調，你甚至可以選擇深淺有別的同種顏色，嘗試創造同色漸層效果。

色彩對比

最後一項是色彩對比，原理就是讓兩種不同色彩互相映襯。

不過創造顏色對比不能胡來，因為太熱鬧的配色反而會使個別色彩失焦。為了達到恰當的對比效果，我們建議一開始採用低調的顏色（其中最實用的是灰色），然後在低調的整體配色中加入一抹亮眼的顏色。舉例而言：

＊灰色外套＋色彩鮮明的圍巾。
＊灰色長褲＋色澤飽滿的黃褐色物件。
＊白色 T 恤或藍色牛津布襯衫＋顏色亮麗的奇諾褲。

筆者一再強調灰色的好處，因為灰色可以有效襯托繽紛的色彩，或調和太過強烈的配色。米褐色、乳白色也可以發揮相同功能。

雖然筆者在後面探討色彩的專章中會進一步說明，不過現在你就可以開始試著在服裝配色上重現你的膚色和髮色之間的對比。注意，這裡

ASTUCE ｜ 小訣竅

你的皮膚、鬍鬚、頭髮都具有獨特質地，
也可以納入材質對比的考量喔！

這套穿搭整體上屬休閒、戶外風格，但仔細看就會發現棉質牛仔褲與上衣、上衣的毛料衣領及皮革鑲邊，還有絲綢圍巾構成極細緻的質料對比。

說的對比是指色調上的深淺對比（如深色頭髮對比淺色皮膚），而不是顏色本身（如灰色、綠色、藍色等）的對比

筆者也要強調，配色靠直覺。假如你為了選擇襯衫顏色而痛苦掙扎，那就表示你想太多了！

這套穿搭的基礎就在於對比。合身毛衣與寬鬆長褲形成剪裁對比，粗獷面料與細緻面料形成質料對比，當然還有色彩上的對比。

第 二 章

配件
不等於次要物件

DES ACCESSOIRES PAS ACCESSOIRES

配件顧名思義，是配合、輔佐，因此不應該喧賓奪主，配件的功能在於為穿著者增添幾分個性，撐起整套穿搭。

所以，配件不可以太搶眼或給人炫耀的感覺。

圍巾、絲巾

最容易發揮的配件就是冬季用的圍巾、春秋季的絲巾和纏頭巾。圍巾可以迅速為穿搭造型帶來悠閒自在的氣息，而且穿著感十分舒適。

圍巾首重保暖，酷寒時佩帶的圍巾長度至少要能繞脖子兩圈。由於冬季服裝的色彩通常不會鮮豔，所以選購圍巾也以低調素雅為原則，材質以羊毛或棉為主。

你可以做一個有趣的實驗：站在鏡子前面，用不同方式繫圍巾，看效果如何（當然圍巾要夠長才行）。調整圍巾的披戴方式可以幫助你控制整套穿搭造型的正式程度。

春秋季甚至夏季也可以圍上薄圍巾，這時款式選擇就比冬天自由。薄圍巾要選擇輕盈透氣的棉、麻、絲等材質，可避免悶熱又能發揮遮陽功能。我們非常推薦北非圖瓦雷克人的纏頭巾，他們的纏頭巾擁有令人驚豔的深藍色澤，充滿異國風情。而且這種纏頭巾相當長，可以用多種不同方式披戴。如果你有機會到北非旅行，不妨買一、兩條，法國大都市的民族風服裝店裡也不難買到這個品項。另外，由於許多法軍駐紮在西北非地區，因此法國的軍品店裡也會有不少纏頭巾。

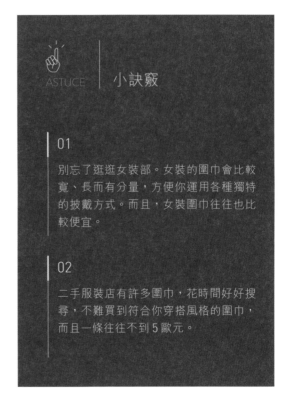

ASTUCE | 小訣竅

01

別忘了逛逛女裝部。女裝的圍巾會比較寬、長而有分量，方便你運用各種獨特的披戴方式。而且，女裝圍巾往往也比較便宜。

02

二手服裝店有許多圍巾，花時間好好搜尋，不難買到符合你穿搭風格的圍巾，而且一條往往不到 5 歐元。

Sandro、Zara、H&M、無印良品都有很不錯的圍巾。如果你想買高級品，一定要到 Faliero Sarti 看看。這個品牌選用的質料細柔無比，顏色完美無瑕。不過你也會注意到完美是有代價的：他們家的圍巾真是天價！

不必害怕色彩豐富的圍巾，這種圍巾可以為整體造型帶來生動活潑的氣息。

手環、手鍊、項鍊等

越來越多男士佩戴手環或手鍊。選購這類品項以低調為原則，所以金銀質手鍊和腕套都不必考慮。設計太講究或太繁複的款式也不適合。

All Saints 和 MOGO 的網站上有一些不錯的款式。筆者也有朋友在泰國、西藏等地買到不少樸實而不失美感的配件。旅途中選購的物品蘊含了情感與記憶，比網路購買的物件更富內蘊！不出遠門的話，到民族風服飾店逛逛也會有收穫。

挑選項鍊的困難度比較高。想必你已經猜到了，筆者不推薦招搖的銀鍊款式。電影《魔戒》裡的那種戒鍊又更驚悚了，你可千萬別把自己打扮成哈比人！

筆者認為入門者最好先跳過項鍊，因為真正值得購買的款式實在很少，必須花很多時間、累積很多經驗，才能買到合適款式並學會佩戴方式。項鍊依品項不同而有不同狀況，無法建立通則。

當你的穿搭能力達到相當程度時，可以逛逛強調藝術家風格的服飾店（如巴黎的 Noir Kennedy）或一些表現「黑暗風格」的品牌店（如 All Saints、Damir Doma、Goti 等），或許可以挑到適合的項鍊。

合宜的手鍊和手錶可以為非常休閒的穿著帶來畫龍點睛的效果。

細緻低調的皮革手環適合搭配多種不同穿搭造型。

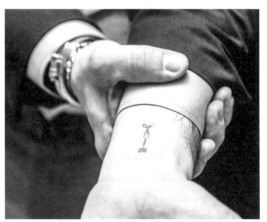

刺青最好要能反映你的品味和生活方式。這個刺青的主人是服裝品牌 Marchand Drapier 創辦人貝諾瓦·卡龐提耶（Benoit Carpentier），刺青圖案則是該品牌的商標。

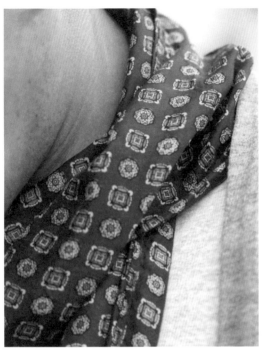

印花圍巾其實比想像中更容易搭配。

襯衫和長褲的顏色相當簡單，古董手錶和風格別具的腰帶則帶來獨特性格。

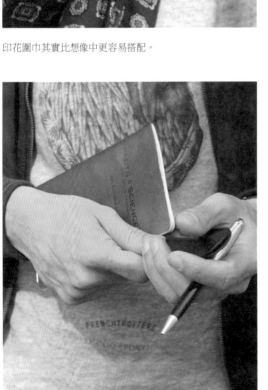

克拉赫習慣隨身攜帶筆和筆記本，如果你跟他一樣喜歡隨手記下創意靈感與新發現，不妨學學他的做法。

輕盈細緻的夏季款大圍巾有助於雕塑廓型，增加上半身的分量感。

第 三 章

眼鏡：
就是要畫龍點睛

LES LUNETTES：AYEZ L'OEIL DE LYNX

太陽眼鏡

太陽眼鏡可說最受低估，但這項配件其實非常重要，除了可以保護眼睛，更可為穿搭風格帶來獨特個性。

奇怪的是，大多數男士都不願花心思選購買一副品質良好的太陽眼鏡。即使是習慣佩戴太陽眼鏡的人也往往在運動用品店或露天市場購買一副不到 5 歐元的廉價品。這種廉價品隱含強烈的健康風險，因為不消三或四個月，這類太陽眼鏡的抗紫外線功能就會消失。

願意多花錢的男士則喜歡買滿街都是的 Ray-Ban 眼鏡。有些人甚至會買冒牌貨，使眼睛受到摧殘而不自知。

一副高級太陽眼鏡大約 300 歐元起跳，令許多人望而生畏。為什麼高級品這麼貴？請看下文分析。

── 市售一般太陽眼鏡款式 ──

太陽眼鏡的市場現狀非常奇妙。很少有人知道，全球的品牌太陽眼鏡市場主要被三大集團瓜分：

奢華服飾品牌的太陽眼鏡
一副要價 300 歐元，
但主要貴在設計，
品質只能算是差強人意。

＊Luxottica 集團旗下除了 Ray-Ban、Persol 之外，還有 Chanel、Oliver Peoples、Mosley Tribes、Dolce & Gabbana、Versace 等等。這個集團承包許多重要品牌的太陽眼鏡生產。

＊Safilo 生產的太陽眼鏡品牌也可說是族繁不及備載，其中最知名的包括 Dior、Saint Laurent、Carrera、Gucci、Bottega Veneta 等。

＊Marcolin 旗下生產業務涵蓋 Tom Ford、Balenciaga、Diesel、Roberto Cavalli 等。

除此之外，還有許多小規模的專業眼鏡品牌，這些品牌雖然沒有大型跨國集團的財力，但在追求品質上不遺餘力。

這個市場現象對太陽眼鏡的價格影響深遠。上述三大集團囊括不同等級的太陽眼鏡，幾乎全面控制了品牌市場。此外，名牌授權代理非常昂貴（比如 Marcolin 集團為了能替自家生產的眼鏡貼上 Tom Ford 的標籤，必須支付高額權利金），因此價格跟品質不成正比。知名時尚品牌的太陽眼鏡動輒 300 歐元以上，而且很少打折。

具體而言，奢侈服飾品牌的太陽眼鏡一副要價 300 歐元，但主要貴在設計，品質只能算是差強人意，材質是簡單的鋼或塑膠（而不是醋酸纖維），焊接做工也有點粗糙。總之，這些大品牌的眼鏡品質不差，但完全稱不上頂尖。

因此筆者比較推薦小規模的專業眼鏡品牌，而不是那些從眼鏡、服裝乃至香水一手包辦的全球知名時尚品牌。

當然我們對美觀大方的 Gucci 太陽眼鏡沒有任何意見，因為正如先前所述，這些奢華品牌的設計非常講究。不過就品質而言，只能與 Ray-Ban 列在同一等級（而且後者不但價格比較實惠，也更堅固耐用）。

如果你頭髮濃密，不妨選擇較大的鏡框。

即使選擇較小的鏡框，上緣也一定要能遮住眉毛。

這副太陽眼鏡非常適合維恩嘉，不但鏡框形狀與髮型相襯，顏色也非常接近他的髮色。

如何挑選太陽眼鏡

挑選太陽眼睛首先要考量臉型。但橢圓臉該戴怎樣的眼鏡？哪種形狀的眼鏡比較適合三角臉？這些問題向來充斥各類論點。

在此筆者要開宗明義地告訴你：筆者不理會那些五花八門的理論，我們認為那只會使問題變得更複雜。實際而言，你要怎麼判定自己的臉型？許多人恐怕根本無法確定自己的臉型是橢圓還是三角。

如果你不了解自己的臉型，還得分析眼鏡的形狀，事情就更麻煩了。眼鏡形狀千變萬化，光是飛行員眼鏡就有多種樣式。而且不管你是哪種臉型，眼鏡寬度都扮演著重要的影響因素。凡此種種都使從臉型選眼鏡變得難上加難，因此，下文中筆者並不打算以臉型為判斷標準。

第二個重要問題是：為什麼挑副眼鏡有時竟如此困難？其實問題出在你總是非得要弄清楚眼前這副眼鏡是否適合你。這種極端的二元判斷方式並不好，因為這會讓你面對無謂的糾葛矛盾。所以筆者建議你改變思考方式，你應該問自己：「這副眼鏡是否比另一副更適合你」。任何一副眼鏡都有可能非常適合、大致適合、約略適合，或完全不適合你。你應該用這種尺標去衡量眼鏡，而不是把問題化約為「好看／不好看」、「適合／不適合」。相信筆者的經驗，當你的判斷方式更有彈性，你也會感到輕鬆許多。

最後，你必須接受：眼鏡好不好看完全是見仁見智，就算完美契合你臉型的眼鏡，也會有人認為不適合你。當你戴上復古經典款眼鏡，有人會說這眼鏡實在太迷人了，但也有人會嘲諷你看起來像上個世紀的暴發戶，等著傭人送來超大瓶裝香檳。如果你戴的是 Ray-Ban，會有人讚美這副眼鏡帥氣、功能好，但也有人問你為什麼要戴一副滿街都是的眼鏡。所幸，眼鏡只要選得好，讚賞總是遠多於批評。

基本原則

面對琳瑯滿目的款式，該怎麼挑選？只有一個可行辦法：盡量多試戴各種價位的款式（特別是高級品，因為高級眼鏡的設計最為講究）。試戴五副或十副不算多，至少要二、三十副才夠，而且其中必須有半數是昂貴的高級品。只有這樣你才能逐漸了解怎樣的眼鏡最適合你。找個穿著品味好的朋友同行，因為第三者的看法是不可或缺的。

這樣你應該懂了，試戴眼鏡重質也重量，這樣才能挑到最理想的款式。請參考以下原則：

＊鏡框上緣要遮住眉毛。
＊鏡架不能壓迫太陽穴。
＊髮色越深，鏡框顏色越深，挑選粗框眼鏡更要如此。不是要找到與髮色完全相同的鏡框，而是設法朝這個方向去找。
＊接續上一點，鏡框顏色與你的髮色及膚色間的對比越強，旁人越容易注意到眼鏡的形狀，這點要特別留意。
＊眼鏡體積最好與你的體型保持一定比例。假如你身形高瘦，最好別買大型的粗框眼鏡（這種眼鏡比較適合體格魁梧的人）。
＊品牌商標太大、太明顯的款式絕對不要買！
＊只有高級眼鏡才會使用鈦金屬，所以如果你找到純鈦材質的鏡框，這副眼鏡的品質一定有保障。

ASTUCE ｜ 小訣竅

連鎖眼鏡店所販售的款式往往太主流、缺乏特色，所以我們強烈建議你到獨立店家選購。

買一副好太陽眼鏡應該準備多少預算？首先要考慮的是：你是不是常在旅途中弄丟眼鏡？筆者有些朋友每次度假時不是弄丟就是弄壞眼鏡，有些朋友卻能夠年復一年地把同一副眼鏡保管得非常好。

這件事很重要，因為如果你每隔幾個月就會弄丟一副太陽眼鏡，那何必買 100、200 甚至 300 歐元的款式？假如你是這種粗心大意的人，有兩個辦法：

* 到大眾成衣連鎖買一副戴完今年夏天就回本的眼鏡，H&M 或 Celio 的款式都算不錯。

* 到軍品店逛逛，看有沒有價格低廉、堅固耐用又充滿男人味的飛行員眼鏡。

如果你不會忘東忘西，選擇可就多了：

* 中級品可以考慮 Ray-Ban 和 Persol（這兩個品牌其實屬於同一集團）。Ray-Ban 幾乎已經變成國民眼鏡，所以建議你到 Persol 找更有個性的款式。這個價位下我們也非常推薦 Jimmy Fairly，這個法國小品牌性價比極高（通常一副太陽眼鏡不超過 100 歐元）。其他的優質品牌還有：RetroSuperFuture、Moscot、Gentle Monster、Garrett Leight、L.G.R.、Illesteva、Mosley Tribes 等等。

* 高級品（300 歐元左右）的選擇也很多，而且處處有驚喜。筆者非常喜愛 Dita 這個品牌，不過 Oliver Peoples、Mykita、Barton Perreira、Cutler、Gross 等也都令人驚豔。另外，Tom Ford、Dior Homme、Gucci 等品牌的太陽眼鏡也相當好，只是品質比專業品牌略遜一籌。

買一副好太陽眼鏡
應該準備多少預算？
首先要考慮的是：
你是不是
常在旅途中弄丟眼鏡？

傑奧非屬於長型臉，所以他選擇的太陽眼鏡寬度小於一般款式。

度數眼鏡

度數眼鏡也不能忽略，畢竟配戴這類眼鏡的男士很多。

有些人選用隱形眼鏡，這項作法成本不算高，而且不用為挑選眼鏡傷腦筋。如果你由於醫學因素不適合戴隱形眼鏡，或者偏愛一般眼鏡，那就要好好挑選適合的眼鏡。

首先要體認，戴度數眼鏡是很正常的事。少數人認為戴度數眼鏡不好看，因此而徒增困擾。這種人會盡量挑選鏡框細、不顯眼的普通款式，但也因為這樣，他們看起來反而更像扭扭捏捏的宅男。

眼鏡這項配件近年來再度受到青睞，不少時尚界人士為了塑造個人風格，甚至會配戴無度數眼鏡。所以不要再買缺乏個性的眼鏡了，現在只有缺乏自信的人才會恨不得別人完全忽略你的眼鏡。

勇敢選擇設計獨特的款式，用眼鏡表達自我。挑選的原則與太陽眼鏡大致相同，唯獨鏡框上緣不應完全遮住眉毛。筆者建議你不妨選擇黑色、咖啡色或玳瑁色鏡框，效果保證讓你驚艷。

不要選擇
沒有個性的眼鏡。
勇敢選擇
設計獨特的款式，
用眼鏡表達自我。

弗洛里安的頭髮非常濃密，適合體積較大而有個性的粗框眼鏡。

度數眼鏡與太陽眼鏡不同，鏡框上緣不應完全遮住眉毛。

第 四 章

肌膚保養與髮型：
營造風格不限於服裝

PEAU ET CHEVEUX :
IL N'Y A PAS QUE LES VÊTEMENTS

如果你以為時尚只限於服裝與配件，那就錯了。有些人的穿著只不過是不違背基本原則，卻因為鬍鬚樣式或髮型別具特色，而使整體造型顯得非常出色。

鬍子和頭髮其實是強烈的造型元素，重要性幾乎相當於服裝。臉部肌膚也不能忽視，就算你身穿全世界最頂級的西裝，假使肌膚油膩或膚色暗沉，勢必為整體造型帶來負面影響。

適度保養肌膚

肌膚好壞屬於人生而不平等的項目之一。有些人天生擁有完美無瑕、從不長痘子的皮膚，有些人則為了對抗毛髮內生或牛皮癬，必須日復一日地保養肌膚。不過，就算你有問題皮膚，也不可以放棄自己，只要付出努力，任何問題都能改善。

以下是獲得良好膚質的方法：

＊每天早晚用適合你皮膚性質的潔膚產品洗臉。在氣候乾燥的地區，每天洗兩次臉可能會使皮膚太乾澀，你可以視情況調節洗臉頻率。

＊刮鬍刀要夠銳利，並搭配成份簡單的刮鬍霜。理髮師用的清潔皂也是不錯的選擇。

＊刮鬍後保養方面，你可以把古龍水或鬍後水捐贈給博物館了，這些產品含有大量薄荷醇，容易造成肌膚乾澀。所以，刮完鬍子只要做簡單的保濕就好。

＊一般而言，洗完臉或刮完鬍子以後，應該用乳霜滋潤皮膚。

＊藥妝店裡有很多效果良好而且價格不貴的保養品，大型美妝品牌花鉅額廣告費行銷的產品反而不見得好。

許多皮膚問題與個人衛生習慣有關。如果你吃的食物夠健康，一部分皮膚問題會自然解決。飲食方式會影響皮脂分泌（即皮膚油膩的原因）既而影響膚質，而這種生理影響的嚴重程度超過你的想像。缺乏睡眠會使眼部肌膚疲憊黯沉。如果你習慣晚睡，就不該期待你的眼神光彩明亮。

另外，頻繁搓揉問題肌膚部位（例如擠粉刺）不但無法解決問題，反而會使情況惡化。

最後一點，有些人的皮膚問題特別嚴重，無法用一般方式處理。假如你長期為痤瘡所苦，或皮膚容易發炎，買藥妝只是浪費錢，請向皮膚科診所求助。專業醫師才能為你提供治療，有效解決痤瘡等問題。

頭髮可以視為獨立的服裝元素

頭髮與衣服一樣重要，就穿搭風格的角度而言，頭髮與鬍鬚甚至可以視為獨立的服裝元素，你應該好好了解質地、修剪、保養方面的問題。以下是筆者的建議：

專業諮詢

首先該衡量你現在的髮型是否適合自己。如果不適合，好的造型顧問或許可以提供解決方案。優秀的造型顧問甚至會為你的造型帶來關鍵改變。

造型顧問會仔細觀察你的外型特質，找出適合你臉型的髮式。比起直接去理髮，做這種諮詢需要花多一點錢，可是確實能為換來更專業的建議。

做造型諮詢是為了收集資訊，讓你知道什麼適合你、什麼不適合，然後你可以根據這些建議，請收費比較低廉的一般理髮師幫你設計髮型。

任何疑問都可以向造型顧問提出：

＊什麼樣的髮型最適合我的臉型？
＊有什麼實際建議？
＊哪邊頭髮要剪短一點？
＊早上要怎麼整理頭髮？可以提供一些訣竅嗎？
＊我該用哪些洗髮和護髮產品？

這些問題都還可以更進一步深入探詢。等你走出造型顧問中心，你會非常清楚該怎麼跟理髮師溝通。

功夫到家的理髮師不需要先幫你洗頭再剪頭髮。他們直接修剪也不會出錯，頭髮洗完吹乾後，你會看到所有地方都修剪得恰到好處。

你可以在網路上搜尋造型顧問資訊。假如你住在小鄉鎮，不容易找到專業造型顧問中心，那就直接造訪附近最好的美髮沙龍。筆者不推薦廉價的連鎖理髮店，因為這種店的理髮師所受的訓練是以最短時間、最精簡刀工幫客人剪髮。他們的剪法比較制式，並不講究如何配合客人的臉型。

獨特髮型是整體穿搭造型的重要元素，甚至是亮點所在。

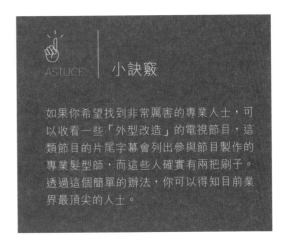

ASTUCE｜小訣竅

如果你希望找到非常厲害的專業人士，可以收看一些「外型改造」的電視節目，這類節目的片尾字幕會列出參與節目製作的專業髮型師，而這些人確實有兩把刷子。透過這個簡單的辦法，你可以得知目前業界最頂尖的人士。

選擇髮型及鬍鬚樣式

筆者真心認為，找到理想的髮型和鬍鬚樣式，跟買到剪裁完美的西裝或夢寐以求的鞋子一樣重要。我們可以完全忽略髮型和鬍子的造型，也可以修剪得瀟灑率性或線條分明。30 歲以上的男性更應該在這方面花點心思，《GQ》雜誌的知名攝影師湯米·董（Tommy Ton）便非常擅長用鏡頭捕捉成熟男性的瀟灑神采。

舉例而言，長髮雖然不易整理，卻很適合搭配西裝、獵裝，塑造令人印象深刻的造型。有些人喜歡以結構明確的髮型搭配瀟灑不羈的鬍鬚樣式，形成強烈對比。只要再配上合適的太陽眼鏡，整體造型立即顯得休閒感十足。

我們無法幫你決定該留長髮還是短髮，這個問題取決於你的品味以及你希望展現的形象。以下是筆者認為最好避免的錯誤：

* 避開兩側剃得極短、頭頂保留相當髮量的髮型。這種髮型受到許多郊區壞男孩青睞，某些走在時尚尖端的男士也選擇用這髮型表現某種復古風格。不過這兩種情況恐怕都不符合絕大多數男性。
* 雖然布萊德·彼特常以山羊鬍造型現身，但筆者不建議你仿效。布萊德彼特能留這種鬍子，是因為他擁有非常講究的髮型、非常高級的太陽眼鏡和非常時尚的服裝，而這種高級穿搭造型並不是一般人在日常生活中的模樣。
* 絕對不可以留「極客族山羊鬍」，也就是臉頰、唇上的鬍子都剃光，只在下巴留一撮鬍子。
* 留一臉鬍鬚也無妨，不過至少要把邊緣修整齊，看起來比較乾淨。
* 如果你是留短髮（長度 2 公分以內），但髮質硬直，那麼額頭上方的頭髮就要用髮泥

抓一點造型，像足球員法蘭克·里貝里那種「自然美」老實說真的不太美。

總而言之，你可以把頭髮視為服裝，而這件服裝能夠與身上其他單品構成對比。例如當你穿結構感明確的襯衫和西裝外套時，髮型就可以比較隨性。對比手法的可能性不勝枚舉，在此不一一贅述，請你發揮長久累積的審美眼光，將髮型、鬍鬚結合穿搭，打理出個性十足的外型。

4

ÉTAPES POUR SE COIFFER

Comme
Edouard Baer

4 步驟
打造
影星髮式

法國男星艾德華·拜爾（Édouard Baer）那種看似剛睡醒的髮型近年相當流行，許多人不知道怎麼整理出這樣的造型，其實很簡單：

1 ————————————

洗完頭以後，噴上一些具增厚效果的造型噴霧，例如 Thickr、Nioxin 等品牌。

2 ————————————

用毛巾把頭髮擦到近全乾。

3 ————————————

由前往後塗上 Maneuver 或 Rough Clay de Redken 等牌子的霧光效果髮臘或髮泥，然後往上、往前抓出你想要的樣式。

4 ————————————

把側邊的頭髮撥到耳後。

保養頭髮

你可以向造型顧問或理髮師請教有哪些產品可以幫助你打點頭髮。例如髮蠟可以幫助你整理修剪過的頭髮。你也可以觀察你的理髮師用哪些產品，然後上網搜尋優惠價格。市面上女性護髮產品琳瑯滿目，供男性使用的產品則相對稀少，不過 Sebastian、Redken、Wella 都提供不錯的選擇。

洗髮

洗髮精不能隨便買，要依據自己的髮質（乾性或油性，硬挺或服順）及頭皮特性（乾性、油性、敏感性、易生頭皮屑等等）仔細挑選。你也可以徵詢理髮師或藥房的意見。如果你有頭皮屑，海倫仙度絲的去頭皮屑洗髮精效果不錯。不過如果頭皮屑問題嚴重，不要指望市售產品能幫你解決問題，直接去找皮膚科醫生才是明智的做法。

不要用髮膠，這會讓頭髮看起來濕濕油油的，這模樣只適合國中生。成年男人把頭髮弄得濕濕亮亮的只會給人不成熟的印象，而且可能會讓你的約會對象卻步。比較理想的選擇是髮蠟或髮泥。巴黎萊雅的 PlayBall Deviation Paste 是這方面的指標性產品。取一點放在掌心裡，搓五秒鐘，然後像按摩頭皮那樣抹進頭髮並整出自己喜歡的造型。

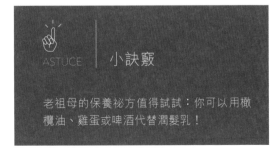

ASTUCE ｜ 小訣竅

老祖母的保養祕方值得試試：你可以用橄欖油、雞蛋或啤酒代替潤髮乳！

瀟灑有型的髮式、修剪得當的鬍鬚，都可以營造休閒又高雅迷人的男性風采。

第 五 章

高階技巧：
神乎其技的穿搭功力

TECHNIQUES AVANCÉES :
QUE LA FORCE SOIT AVEC VOUS

有很多技巧可以讓你的穿搭從「良好」提升到「超有型」。學會掌握這些技巧，你的穿搭功力會更上層樓。

學習高階技巧需要耐心，因為你必須深入了解自己的體形特質以及各種單品對廓型的影響。當然，剪裁與結構精巧複雜的穿搭造型可以立即讓你與眾不同，但更重要的是，你的衣著必須符合你的品味，而且令你感覺舒適自在。一旦精通高階技巧，你的穿搭功力將臻至化境，使你能夠隨心所欲地表達自我風格。

剪裁對比

前文討論對比時並未提到這種對比，也就是讓不同剪裁的單品相互映襯，加強或減弱整體廓型的結構感。原理很簡單：你可以用各種詞語（結構感／流暢感、合身／寬鬆、簡約／繁複、大／小）來描述、區分剪裁，並藉以創造對比。舉例說明如下：

* 結構感 VS 流暢感：菸管褲搭配無墊肩西裝外套，獵裝搭配運動棉褲。
* 合身 VS 寬鬆：修身 T 恤搭配馬褲，獵裝搭配垂墜效果 T 恤，襯衫不扣搭配修身 T 恤。
* 簡約 VS 繁複：單色 T 恤搭配破壞牛仔褲，

當你的衣著層次較多時，要確保每件單品都能被看見，這樣可為整體造型帶來分量感。

褲腳捲起的高度恰到好處，正好能露出短靴，為整套造型帶來個性。

羊毛長褲塞進造型獨特的休閒鞋。

＊大 VS 小：過大的圍巾或滑板長褲搭配修身
　　上衣。

多嘗試各種剪裁對比，觀察你的廓型，探索各
部分適合表現哪種對比。

垂墜效果

創造垂墜效果，指的是利用服裝的形體及多餘
面料製造類似羅馬長袍的波浪形皺摺，這麼做
可為整體造型帶來柔和的視覺效果。要運用這
種手法，必須挑選寬鬆、面料柔順，而且結構
不那麼鮮明（也就是沒有墊肩或其他襯墊）的
衣服。

彈性材質的服裝通常最適合創造垂墜效果，而
且長度要大於一般穿著狀況。因為你需要把
身上的衣服撥弄出自然美觀的橫向皺褶，所
以長度是關鍵，而布料的彈性決定了皺褶能
否維持。符合這些要求的服裝並不多，不過
Ann Demeulemeester、Julius、Rick Owens、
Damir Doma 等品牌有些不錯的款式，質料頗
為細緻，但價格自然也偏高。要找平價款式可
以到 All Saints 看看，甚至 Topman、Zara 等
成衣連鎖也可能出現意外的驚喜。

最後筆者要提醒：不是所有人都適合這種做
法。垂墜效果會賦予你的造型某種女性特質，
因此整體風格要保持得陽剛一些，結構也要明
顯一點，例如選搭肩部線條明確的西裝外套、
皮衣、直筒牛仔褲、圓頭短靴，然後再加入垂
墜效果。

彈性材質的服裝
通常最適合創造垂墜效果，
而且長度
要大於一般穿著狀況。

這套穿搭便運用了垂墜效果，但照片中人以合身到近乎貼身
的上衣搭配寬鬆的褲子，這是比較進階的表現手法，初學者
不容易掌握。

不對稱

沒有人規定衣著必須左右對稱。不對稱效果可以為穿搭造型創造微妙的細節，形狀上的衝突感更為整體造型增添鮮明結構。此外，如果你的穿搭造型總是只由垂直和水平線條構成，不免有些單調。

① 從衣領、拉鍊、口袋等細節下手，或乾脆選擇不對稱剪裁的服裝。

② 創造垂墜效果。

③ 留不對稱髮型。

④ 左右兩隻袖子往上捲到不同高度。

⑤ 圍巾披掛在一側。

⑥ 在西裝外套口袋裡放一條袋巾。

⑦ 讓腰帶尾端垂下。

要打破對稱，最簡單的方法就是手提包。

左右手腕的不同配飾及襯衫胸前的單口袋設計都能強化不對稱感。

多層次穿搭

多層次穿搭就是用明顯可見的方式穿著數件衣服，以二到三層最為理想，既可維持整體協調也能展現豐富細節。

筆者在造型諮詢工作中經常應用多層次穿搭技巧，因為體型略瘦或略胖的人都適合這種穿搭方式。瘦的人可以打造比較厚實的廓型，較福態的人則可以將旁人的目光焦點由肚腩或贅肉移開。

另外，多層次穿法還有一項非常實際的功能：保暖。穿著多件衣物有助於保留暖空氣，當三層衣服的厚度相當於單——件衣服時，前者的保暖效果會優於後者。但請注意不要穿太多件，也不要一次穿好幾件較厚的衣物。天氣很冷時穿三件中等厚度的衣服就差不多了，穿得更厚或更多件只會讓你顯得臃腫。

以下是創造層次感的三大原則，要記住並好好運用：

	裡層	外層
版型	較長	較短
材質	細柔	粗厚
顏色	淺色調	深色調

如照片中所見，圍巾領開襟衫搭配夾克可以打造漂亮的層次感，而這位男士在開襟衫底下還穿了一件毛衣和襯衫。

這些原則不是絕對的，你可以試著穿出各種風格、材質和色彩對比，打造自然感的休閒外型。你可以加入一些特別的單品，如軍官領襯衫，也可以巧妙運用一些透明或鏤空的材質，如大網眼針織衫、極薄的 T 恤等。

顏色方面，粉彩色及其他各種柔和的中性色（灰色、乳色、灰褐色、砂色等）都非常適合做多層次搭配。這些顏色不會太鮮豔也不會太飽滿，可以帶來和諧的層次感，讓不同層次的衣物看似同一件衣服。反之，白、黑、海軍藍等強烈的色彩容易成為注意力的焦點，使其他柔和色澤被忽略，但如果你的配色能力夠好，還是可以嘗試運用這類顏色。

—— 創造層次感的好點子 ——

初學多層次穿搭的人可以參考以下方式：

* 襯衫底下穿灰色雲紋 V 領 T 恤，打開襯衫最上面三顆鈕釦，露出 T 恤。大圓領（即 U 領）T 恤也可以考慮。襯衫不紮、捲起袖子，就能表現夏日休閒風。
* V 領毛衣底下穿白襯衫。筆者建議選擇 V 領開得略深的款式，這樣才不會顯得拘謹。
* 卡其色開襟衫底下穿米色襯衫，外面再套上炭灰色西裝外套。

要穿出更獨特的層次效果，可參考以下建議：

* 穿兩件領口深度不同的 V 領 T 恤，或者在 V 領 T 恤外穿一件 U 領 T 恤。
* 淺灰色襯衫上面套一件中等灰連帽衣，再搭配一條海軍藍圍巾。
* 穿白色背心加淺藍色連帽衫（不拉拉鍊），然後套上海軍藍獵裝。

如果你對多層次穿搭很感興趣，可以看看

Burberry Prorsum 的 2009 年春夏系列服裝秀，這系列便是以層次為主題，並以非常細緻的粉彩色澤搭配深沉的金屬色調，創造令人驚豔的休閒造型。

有些品牌和設計師的作品特色便在於多重層次的堆疊，包括 Philip Lim、Rick Owens、IKKS（但請注意 IKKS 有時品質不佳）。COS、Alternative Apparel、Kowtow、Unconditional。除此之外，北歐品牌 Filippa K、Acne、Our Legacy 也有一些適合多層次搭配的衣服。

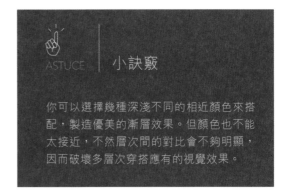

ASTUCE | 小訣竅

你可以選擇幾種深淺不同的相近顏色來搭配，製造優美的漸層效果。但顏色也不能太接近，不然層次間的對比會不夠明顯，因而破壞多層次穿搭應有的視覺效果。

即便在最微小的細節上也能發揮多層次效果，如照片中襯衫領片和開襟衫的領子寬度相同，面料則提供了紋理和顏色的對比。

轉折效果

穿搭中的「轉折效果」指的是以具創意、非一般方式穿著正統服裝，或以非典型方式創造不同元素間的衝突激盪。這是一種小叛逆，對既有秩序的微反抗，能夠巧妙地向周遭的人宣告你懂得適時打破規則。

有些服裝本身便帶有轉折設計的概念。例如 Melindagloss 的木質鈕扣外套、B:Scott 的特殊衣領設計連帽衣、Marc Jacobs 的牛仔褲剪裁款羊毛褲等。這種轉折設計既體現了設計師對既定標準的嘲諷，也讓穿著者有機會做出獨特的穿搭表現。

你也可以用不落俗套的穿著方式打破陳規，製造有趣的轉折效果：

＊以不協調的方式穿戴配件，例如當你穿著夜藍色西裝，配上天藍色襯衫及調性類似的領帶時，可以在口袋放一條綠色和褐色圖案的袋巾。
＊不拘泥形式，例如穿正式西裝搭配色彩較高調的單品。
＊適度表現「邋遢」，例如將襯衫兩邊袖子捲到不同高度。

───────
NOTE 注意

轉折效果不要玩過火，不可忽略整體造型協調。如果為了營造轉折而流於低俗，只會讓你顯得缺乏品味。

轉折效果有時是藉服裝剪裁表現，例如這件褲襠極低的休閒短褲。

寬鬆、休閒的飛鼠短褲不易搭配，必須有個性十足的配件從旁烘托。初學者先不要急著嘗試！

第六章

灑脫不羈
的風格需要巧妙營造

UN STYLE NÉGLIGÉ… MAIS AVEC ART

看似不經意的優雅

義大利文裡有個詞叫做「sprezzatura」,這可不是麵條或乳酪的名字,這個詞出自義大利的貴族階級,意思是「舉重若輕」。這項概念在穿搭上可以解讀為「看似不經意的優雅」。其實這種優雅仍屬於刻意營造的結果,只是效果非常自然。整體造型看似沒有太多用心,其實蘊含許多穿搭巧思,如此才能打造完美的瀟灑外型。

例如,你可以花上十五分鐘,在浴室鏡子前精心打理出彷彿剛睡醒的蓬亂髮型,或者打上圍巾又解開,然後又打上,反覆數次,直到你找出一種打法看似隨意披上,卻又難以言喻地好看。不經意的自然美感其實需要費心營造,當你完全掌握穿搭風格的基本原理後,才能駕馭這種獨特手法,否則恐怕無法營造灑脫不羈的感覺,反而給人邋遢隨便的印象。

隨意而不隨便

筆者非常喜歡看似不經意的優雅,因為這概念完美體現了成功的穿搭造型所應達到的最高標準:融合休閒與優美、時尚與自然。把這原則謹記在心,才能展現真正的瀟灑,而不至於過度在意身上所有細節與搭配方式。如果你的造型過於整齊、有條理,旁人其實感覺得到你出門前起碼花了一小時打扮,這樣的穿著就有些做作了。

營造看似不經意的優雅也與自信有關。如果你對自己的衣著感到自在,不需要過度修飾你的打扮,那就表示你對自己的風格有自信,對人

露出襯衫下擺,加上戰鬥靴的搭配,將原本的紳士風格轉化為瀟灑隨性的帥氣。

通常筆者不建議上衣顏色比下半身的衣著深,但當所有單品的剪裁都完美無瑕,品質也非常講究時,這種搭配方式就會令人眼睛為之一亮!

洗舊、破洞、褲腳反折，加上精心挑選的配件，無不賦予這套穿搭貨真價實的粗獷氣息，這造型彷彿浸透了穿著者的生命歷練。
稍微洗舊的 T 恤更帶來灑脫不羈的感覺。

生也信心十足。每天早上花點時間留意穿搭細節沒什麼問題，但不必花超過五分鐘、十分鐘。不要讓自己變成穿搭偏執狂。

努力追求才能達到的境界

看似不經意的優雅，終究必須努力追求才能達到。要創造灑脫而不浮誇的造型，其實需要保持謙虛，但也不能沒有一絲自豪，而關鍵就在於深藏不露。如果在社交場合有人問你身上西裝是在哪裡買的，你可以說「記不清楚了，不過可能是某某街的某家店」。當旁人讚美你的穿著，不要忍不住大肆談起這身裝扮的種種細節，只要淺淺地微笑一下，說聲謝謝就夠了。

保有你的神祕感。相信筆者的經驗：讓別人覺得你「說不上來為什麼，但穿著就是與眾不同」，而不是「穿搭鬼才」。這可是筆者和朋友在不斷失誤中學習到的寶貴功課！

「啊，謝謝。其實我穿的只是今天早上在床頭櫃隨手抓到的襯衫。」

– 波・布魯美（Beau Brummell）
著名英國時髦男士

隨意繫上的鞋帶和穿舊磨損的牛仔褲使這套精心營造的穿搭造型帥氣十足。

打造
休閒風格的技巧

頭部

用髮蠟抓出蓬亂髮型。

兩三天不刮鬍鬚。

配件

彷彿漫不經心地打上圍巾。

選一件乍看之下與正裝風格不協調的突兀配件。

佩戴古舊物件，例如繫上爸爸的舊腰帶，或把媽媽的絲巾當袋巾用。

大衣口袋裡放本舊書，刻意露出一角。

服裝

穿一件些微磨損或有點過時的東西。

牛仔褲略為寬鬆。

適度捲起休閒款西裝外套的袖子（如果是全新品的話就別這麼做）。

襯衫比平時多解開一顆鈕扣。

鞋履

穿有些許髒污的淺色休閒鞋。

讓都會鞋款一星期不做清潔保養。

夏天氣溫高達三十多度，亞歷山大決定為自己打造全然休閒感的外型：草編鞋、軍裝風短褲、有點寬鬆的 T 恤加上反戴的棒球帽。這樣一身炎夏穿搭，必須有充足的休閒基本款單品做後援。

第 七 章

衣服不一定要
照規矩穿，但切莫作怪

DÉTOURNEZ VOS VÊTEMENTS
SANS SORTIE DE PISTE

當你逛了一下午的街，雙手提滿戰利品回家，紙袋裡是你依循本書建議所購買的各式衣物，你已經準備好打造亮眼外型。

你一放下紙袋，就忍不住全部打開，拿起衣物站在鏡子前一一試穿。你希望證明這次購物成果確實令你滿意，於是就在這個沒有店員緊迫盯人、沒有其他顧客頻頻打量的輕鬆狀態下，重新穿上這些衣物。結果令人驚訝！原本信心十足的購買選擇，現在卻為你帶來更多疑惑，而本章正是要為你解答各種實際穿著上的問題。

襯衫

襯衫是帶來最多疑問、最令人頭痛的品項。以下提供幾個「藥方」，幫你解決各種疑難雜症。要讓襯衫發揮最大穿搭功效，請按照以下說明。

—— 襯衫紮不紮？ ——

自從人類發明襯衫以來，這問題就一直困擾著男人。當然，這裡討論的是長袖襯衫，短袖襯衫就不必問了，下擺露出來就對了！

在此要強調一個最基本的觀念：時尚領域沒有絕對的真理。一切取決於當下的各種相關因素：褲子類別、你想表現的風格、襯衫長度、個人體型等等，如果有人認為自己掌握了真理，那就太自以為是了。以下是筆者的個人觀點：

* 穿高腰長褲時，最忌諱襯衫下擺一部分跑出來。這樣看起來就像披著降落傘，視覺效果真的很糟。

* 為了得到均衡、美好的廓型，如果你的下腰部比較寬大，建議你把襯衫下擺拉出來放在褲子外。

* 如果襯衫版型較短，下緣只比腰帶位置略低一點，就不要紮，否則你會一整天都在腰間摸摸摳摳，不斷把跑出來的下擺塞回去。（當然不管你怎麼努力，下擺過不了多久就又跑出來了。）假如你今天正好有約會，那就不太妙了。

那到底什麼時候該紮？

主要的考慮因素是襯衫長度。如果襯衫下擺低於腰帶下緣至少十公分，紮進褲子就是合理的做法，這樣你才不會看起來像是穿著圍裙。答案就這麼簡單！

—— 第一顆鈕扣要扣嗎？ ——

鈕扣的扣法也是自古以來困擾男人已久的問題。筆者在此簡單歸納出兩種必須扣上第一顆鈕扣的情況：

第一種情況不用說你也知道，就是穿西裝打領帶的時候。紳士們，只要你不會因為扣上第一顆鈕扣而窒息，就扣上吧。

如果你想要表現得「潮」一點，也可以不打領帶並扣到第一顆。這種扣法在北歐很流行，稱為「空氣領帶」（air tie），不過這樣的風格其實不容易掌握，而且只適用於某些特定情況。筆者不是很喜歡這種穿法，不過無可否認，確實有些人把這種穿法表現得非常好。

在其他情況下，把第一顆和第二顆鈕扣都解開準沒錯！

袖子能不能捲起來？

沒有一定答案，你可以自己決定。筆者比較喜歡捲起袖子的休閒感。

開襟衫釦子全部打開、袖子捲起，便可打造美好的休閒風格，記得試試看！

開襟衫

越來越多男士喜歡穿開襟衫，也就是以前你母親會叫你穿去上學的那種又像毛衣又像襯衫的衣服，而你總是怕被同學嘲笑而在上學半路就脫掉。事過境遷，現在開襟衫又昂省闊步回到時尚領域了！許多品牌及設計師都重新演繹這種服飾，創造出時尚與休閒感兼具的款式。不過許多人穿開襟衫時，還是不免被這個老問題困擾：

穿開襟衫該扣上扭釦嗎？

開襟衫的鈕扣通常應該扣上，不過為了穿出優美廓型，建議你第一顆不要扣。如果是胸口開得比較高、比較正式的款式，甚至可以最上面幾顆都不扣（大約打開到胸部下緣）。

不過，如果你在開襟衫底下穿了印有美麗圖案的 T 恤，不妨把釦子都打開。這樣一來，讓 T 恤的獨特設計一覽無遺，也為你打造休閒感十足且絕不邋遢的造型。

開襟衫的鈕扣
通常應該扣上，
不過
為了穿出優美廓型，
建議你
第一顆不要扣。

牛仔褲

試穿牛仔褲時，你一定會彎下腰捲起褲腳，讓褲管長度符合你的腿長。於是問題出現了：褲子買回家後，可以簡單反摺就好，還是非得請師傅改到正確長度不可？

—— 內裡可否翻出來？——

你在雜誌和網路上讀到的各方論點都可以拋在一邊，牛仔褲的褲腳不該反摺。更何況改長度一點也不貴，而且非常簡單，任何師傅都可以做得很好。所以不要找藉口，拿去改吧！

不過有個例外：布邊牛仔褲。這種牛仔褲的褲腳便可以反摺一次，露出精緻的赤耳布邊，並展現牛仔褲的美麗質地。不過這種穿法比較適合已經有相當穿搭功力的人，入門者如果搭配得不好，也可能因此使廓型變垮。

夏天穿奇諾褲時倒是可以捲起褲腳製造休閒感。

穿西裝外套站立或走動時最好把鈕子扣上，會顯得比較高雅。

為了呈現
西裝外套的剪裁，
以及展現
優美廓型，
最好
把鈕子扣上。

西裝外套

西裝外套是男裝不可或缺的品項，因此當然有很多相關問題。不過且容筆者只回答以下這個穿著上的常見疑惑：

── 該不該扣上鈕釦？ ──

為了呈現西裝外套的剪裁，以及展現優美廓型，最好把釦子扣上。在筆者見過的西裝外套中，能夠不扣鈕釦而維持腰身形狀的款式可說少之又少。

雙鈕扣西裝外套只要扣第一顆就好，**第二顆絕對不要扣**。這是穿搭中非常基本的原則，重要性如同餐桌禮儀中的「咀嚼食物時不可張口」。如果你堅持把兩顆鈕扣都扣起來，就準備承受旁人充滿疑惑的打量眼光吧！

至於三鈕扣西裝外套，**第三顆鈕扣絕對不要扣，但第二顆一定要扣**！在這兩點上犯錯絕對無法寬貸，不過第一顆可扣可不扣，由你決定。

還有一點要留意，坐下時要把西裝外套的釦子打開。這樣不但比較舒服，也可避免西裝產生不必要的皺褶，並防止鈕扣受到拉扯。

IMPORTANT 重點

西裝外套掛在衣架上時不要扣上鈕扣（包括第一顆），以免西裝受擠壓而變形。

交叉釦（雙排釦）西裝非常優雅，只是大部分人不習慣穿這種款式。剪裁良好的交叉釦西裝扣上時，可以為穿著者勾勒出清晰的美好廓型。

釦子打開時造型變得一派瀟灑，不過廓型也變得比較不清晰。你可以依據穿著場合，決定採用哪種穿法。

風衣

風衣可以帶來優美的廓型及難以言喻的男性魅力，就如同西裝外套及白襯衫，都屬於男士衣櫥的必備單品。風衣在結構上有些特殊之處，可能讓某些男士穿起來不太習慣，不過別擔心，下文將解決你的所有疑惑。

—— 該不該使用繫腰帶？ ——

試穿風衣時，你不太知道該拿後背那條繫腰帶怎麼辦。你可能覺得前襟打開頗為帥氣，可是垂在兩邊的繫腰帶有點惱人。解決辦法很簡單，這東西既然叫繫腰帶，那麼繫上就對了，這樣才能展現這種服裝的真實廓型。

但如果你想強調男性魅力，同時維持俐落廓型，可以把繫腰帶拉到背後打結，就這麼簡單。

—— 領子可以豎起來嗎？ ——

有些人認為不可，豎起風衣領子是無可饒恕的時尚罪惡。也有人認為豎起領子完全不成問題，並視所有「風衣穿著規則」如敝屣。筆者認為這方面你有權自由決定，豎起領子不但無損風衣的整體廓型，有時甚至讓你更顯帥氣。

將繫腰帶拉至背後打結，更能突顯風衣的腰身剪裁。

如果
你想強調男性魅力，
同時維持俐落廓型，
可以把繫腰帶
拉到背後打結。

休閒鞋

休閒鞋顧名思義，能夠幫助你表現輕鬆休閒而不失講究的穿搭風格。這類單品當然也帶來不少疑問，特別是保養、穿著方法等。以下解答幾個關鍵問題：

——該不該繫鞋帶？——

忘掉坊間各種論點吧，穿休閒鞋時，鞋帶一定要繫上。你穿正式皮鞋時也會繫上鞋帶，沒錯吧？對休閒鞋也要一視同仁。別忘了，你已經不是國中生了！如果鞋帶太長，繫上後不好看或容易落在地面，可別塞進鞋子裡，換一副長度合適的鞋帶才是正解。

——高統休閒鞋怎麼穿？——

如果配上剪裁良好、垂墜感自然美觀的牛仔褲，那事情很簡單，只要把褲腳打摺，置於鞋舌後方就好。注意，不可以把褲腳全塞進鞋子裡。另外，假如你穿的牛仔褲比較寬鬆，褲腳就容易掩蓋整個鞋統，這樣不太美觀。

你也可以選擇比較傳統的穿法，讓褲腳自然蓋住鞋統。記得不要露出鞋舌，要讓旁人無法輕易察覺你穿的是高統鞋，鞋舌只在你坐下時顯露出來。

——我身高只有 167 公分，適合穿高統休閒鞋嗎？——

適合穿高統休閒鞋與否，不完全取決於身高，關鍵在於整體穿搭廓型。如果褲子跟鞋統寬度落差太大，就不建議穿高統鞋。最糟的組合就是緊身牛仔褲搭配超寬大高統鞋，這樣的廓型可說不堪入目。

ASTUCE ｜ 小訣竅

如果你穿高統休閒鞋而且希望展現鞋子的整體造型，最好穿褲腳夠窄的長褲。尤其注意，褲腳不要塞進鞋統，只要自然垂落在鞋子頂端就好。只要選擇褲腳開口尺寸適中的款式，也就是修身和半修身款，就萬事 OK。

若是做工如此講究的半高統休閒鞋，被牛仔褲完全遮住真的相當可惜！那麼就讓牛仔褲自然垂落在鞋子頂端就好。

VINCENT-LOUIS VOINCHET,
LA COMÉDIE HUMAINE

請自我介紹。

我是文桑－路易‧馮歇，目前擔任 La Comédie Humaine 的藝術總監，這個男裝品牌創立於 2012 年。我們的設計理念是從十九世紀，也就是巴爾札克的時代擷取靈感，重新演繹後打造出具有現代性格的當代優雅風尚。巴爾札克時代的男士非常講究穿著，我們希望挪用那個時代的風格符碼，在當代重新發揮。

你們的襯衫在哪裡生產？

一開始都是在法國生產，現在有些活絡領（即領子可以替換）襯衫款式還是在法國生產。當初決定這麼做，單純是因為距離近、比較方便。現在為考量成本，有些款式是在葡萄牙、義大利等歐洲國家生產。這些款式的品質一樣講究，可是價格比較便宜。

「百分之百法國生產」有沒有意義？

在行銷上有意義，而奢侈品牌非常了解這點。強調百分之百法國生產可以強化「法國品牌」的形象，這在外國市場上很管用。可是完全在法國生產並沒有實質意義，因為許多法國工廠已經結束營業，因此很多傳統技藝在法國已經式微。我們的襯衫主要是在法國生產，但其他部分產品（例如卡班大衣和長褲）是在其他國家生產，因為法國工廠無法為這些商品創造好的附加價值。

你們比較重視流行還是經典？

我們重視不退流行的經典風格。我們希望推出不容易退流行的服裝，讓消費者能夠一季穿過一季。不過我們也非常強調每一種服裝款式都要有自己的特色。舉活絡領襯衫為例，我們設計出各種領子，讓每位穿著者自主創造個人化的襯衫。

你們怎麼選擇質料？

我們的原則是選擇自然材質，棉、毛、麻、喀什米爾羊毛都是我們愛用的選項，而含有人造纖維的布料我們敬而遠之。選擇優質布料可以確保成品擁有高品質。

你們怎麼選擇合作工廠？

我們是根據不同款式在生產上的複雜程度挑選廠商。每個製造商都有自己擅長的技術，有些製造商看到某個款式時會很坦白地說：「我沒辦法掌握這個款式，不知道怎麼量產，請你們去找其他適合的廠商。」

你們是怎麼熟悉襯衫生產技術的？

很簡單，就是向製造商學習。我們設法與製造商建立良好對話，藉此了解他們擅長的技術細節。我們公司裡也有一位優秀的樣品設計師，她對生產技術瞭若指掌。她能夠迅速判斷某個款式是否容易生產製作，有些款式在設計稿上看起來不錯，可是實務上並不可行。

挑選襯衫要注意那些重要細節？

襯衫上有很多細節要注意，例如針數，針數夠多襯衫才不容易因為摺疊而變形。鈕扣也很重要，貝殼鈕扣會比塑膠鈕扣耐用。面料品質當然也不能馬

雅致的腕錶和出國旅行時購買的各式手環，為文森的穿搭造型帶來獨特個性。

領子可替換的 Rastignac 系列襯衫是 La Comédie Humaine 的經典作品。

虎，我們的正式款襯衫採用雙股棉質面料，這種面料比較經久耐穿。不過最需要注意的還是剪裁。

面料手感是什麼意思？

就是觸感。採購布料時我們做的第一件事就是觸摸布料。同樣是百分之百棉質的兩種布料，織造方式或細節做工有所不同，就可能造成很大的差異。

如何創造風格完整協調的襯衫系列？

我們強調建立自己的風格，但也積極關注潮流。我們設法預測每一季的流行，並透過網誌、服裝秀等管道掌握趨勢。然後我們建立出系列襯衫的主導概念，並把這概念與巴爾札克時代的風格整合成一體。

襯衫是如何誕生的？

我們建構系列襯衫的開發計畫時，會親手畫出樣式，然後製作技術草圖。接下來做出立體樣板，其實就是用胚布做的真正服裝，我們可以在上面做修改或註記。決定最終樣式以後，我們據以做出版型並編號，然後交給製造廠。一件襯衫從構思到實際生產，我們會全程掌握。

採訪影片連結：bngl.fr/vincent

文森的整體造型講求素雅，並且精心挑選配件。

ENTRETIEN
—
NICOLAS GABARD,
HUSBANDS

特別採訪

尼古拉‧加巴爾
HUSBANDS

請介紹你自己，和 Husbands 這個品牌。
我叫尼古拉‧加巴爾，Husbands 是我和錫納夫‧古德（Synneve Goode）一起成立的高級男裝品牌。我們的宗旨是透過精湛技藝，製作出質料卓越的頂級經典款服裝，供時尚男士打造理想衣櫥。

高品質服裝對於打造良好穿搭風格有什麼幫助？
高品質服裝非常注重剪裁及穿著舒適度。服裝結構紮實，經久耐穿，而且越穿越有味道。購買高級服裝是一大投資，但這投資終究是明智的，而且就塑造穿搭風格而言絕對值得。

你認為裁縫技藝重新獲得重視了嗎？
是的，我覺得現在的男性再度渴望擁有美好的服裝，他們對工藝、技術、設計細節深感興趣，對品質的要求也促使我們不斷努力進步。

有什麼方式可以充實裁縫方面的知識？
瀏覽相關網誌、討論區及男士時尚領域的優良書籍。與好的裁縫師傅或服裝店員交流，他們可以提供很多說明及建議。修改衣服的師傅也有很多好東西可以分享。

男人結婚生子以後，應該怎麼打理自己的穿著？
哇，這根本就是不可能的任務，除非你把孩子送給別人養！我真後悔當初選擇 Husbands（丈夫）一詞當作品牌名稱……開玩笑的，其實男人結了婚一樣可以穿得很時尚，只要記得陪小朋友吃巧克力時不要穿淺色衣服，還有吃飯前領帶一定要先拿掉。穿布邊牛仔褲、粗呢西裝外套之類的服裝就相當保險，這些服裝沾到番茄醬或花生醬不會很明顯，也比較容易清除。

男性穿著西裝外套時常犯什麼錯誤嗎？
就是穿太短，上衣下擺應該要遮住部分臀部。另一個是太窄，西裝上衣除了要能塑造合身的廓型，也應該讓穿著者舒適自在才行。把衣服做得太緊是常見的錯誤。然後是太寬鬆，不過這個缺點現在比較少見。面料品質也經常被忽略，有些西裝剪裁不錯，可是面料很普通，所以買的時候要留意面料的成份、重量、來源等等。

選購西裝外套時要特別檢查哪些細節？
首先是結構，全襯布的西裝外套結合了紮實耐穿、線條俐落、穿著舒適等優點。捏一捏上衣下擺，如果在外層面料與襯裡之間能摸到一層有點厚度的東西，就表示有襯布。接下來是面料品質：我個人偏愛有重量感的質料，為了講求纖維的細緻度，我不會採用低於 super 120 紗支的面料。不過整體而言，面料結實比細緻、輕盈重要。還有要檢查領片是否緊密貼合衣體，在胸口部分不可以被擠得翹起來，不然就表示西裝太小了。後背部分，穿著時手臂不應該感覺到被背部布料過度拉扯。再來是注意袖長，袖子容許稍微改短，可是很難加長。最後，剪裁合身的西裝肩部線條應該要清晰俐落，袖子要呈現美好的垂墜感。

怎麼判斷西裝外套的剪裁優劣？
基本上穿著感要舒適。剪裁良好的西裝上衣會契合穿著者的身形，但不會妨礙肢體動作。然後是個人對風格的認定，有些人覺得剪裁很好的西裝外套，在別人眼裡則可能顯得拘束，這跟每個人的穿著品味有關係。我們應該設法讓西裝外套配合西裝褲的剪裁（高腰、低腰或吊帶）。我們也要了解自己的身形特質，選擇能夠契合自己體型的款式。

Husbands 的「波普西裝」（pop suit）是以 1960 年代經典風格面料製作，這種面料品質極好，在現在的西服中已經很少見。

西裝上衣哪些部分可以修改？

如果尺寸太大，幾乎所有部分都可以修改。但如果是太小，能修改的地方就不多；依據組裝接縫處保留的縫份多寡，或許可以把腋下、背部甚至胸部略微改大，或把袖子稍微加長，但能做的還是有限，而且一定要找手藝好的師傅才行。相較之下，太大件的西裝上衣可以改短，腰身可以收緊，袖子也可以改短（可以把袖子從袖窿上拆下來修改）。還有，肩部也可以改窄，把袖子拆下來，依需求剪除肩部布料，然後再把袖子組裝回去。不過，假如尺碼真的大很多（例如穿上單排扣西裝時，前面左右兩邊可以重疊到相當於雙排扣西裝的程度），想要改到合身恐怕是不可能。

採訪影片連結：bngl.fr/nicolas

Husbands 的服飾強調鮮明個性、經典風格、不退流行，散發獨特氣息，不需多餘裝飾就可以打造迷人外型。

CONCLUSION

這場穿搭風格之旅到此進入尾聲。希望你能夠將你從書中學到的觀念吸收、消化並靈活應用，同時也希望你享受了一段美好的旅程。雖然你可能已經學到許多男裝知識，但請你有空時回頭來隨意翻閱本書，或重新查閱書中某些主題。這本書是你永遠的寶庫、工具箱，而你所獲得的任何嶄新經驗都將幫助你從新的角度體會書中某些內容。除此之外，還有許多新事物等著你發現，你可以經常上我們的網站 BonneGueule.fr 吸收新資訊，也可以從你的生活環境中積極探索。

我們非常樂於看到你勇敢嘗試。在合理範圍內冒險，犯下一些錯誤也無妨（畢竟錯誤是絕對免不了的），從經驗中記取教訓。有時我們會為失足感到挫折，但不要忘記，只挑安全的路走，往往無法走得遠。所以，不必害怕步出常軌，要到不尋常的地方尋幽攬勝！

在你讀完這本書以前，筆者要與你分享最後一則訊息。這則訊息非常重要，甚至可能比你在書中獲得的其他資訊都來得重要。

就建立個人風格而言，最關鍵的不是服裝、髮型或你開什麼樣的車。你或許擁有良好的穿著品味，或者長得一表人才，或者擁有運動員的體魄，這些都可能幫助你給予他人良好的第一印象，但終究無法取代你的人格。你的風格是你的整體價值觀的外在延伸，而不是用來掩飾你內心的不安與憂慮。最佳的造型，應該是能夠展現你的良好本質的造型。

談論這個議題可能使筆者顯得自以為是，畢竟我們都只有二十多歲，人生才正要開始，有數不完的事等待我們去學習。然而，我們還是希望本著自己在青春歲月中所累積的經驗，與讀者分享我們的心得。

灌溉你的熱情，培養你的人際關係，努力工作，但別忘了盡情享樂。嚴格約束的生活，尤其是你自己，有餘裕的時候，就應該走到戶外閉上眼睛，感受陽光的美好。如此一來，你所建立的美好自我，將會受到人們喜愛與尊敬。你要與身邊的人共享美好時光，關心他們，而他們將回報給你更多。

我們將滿衷熱情灌注於時尚領域，當我們能夠與他人分享這份熱情時，感覺自己成功扮演了自己的角色，也對社會有所裨益。假使筆者曾與你訂下契約，如今筆者已經以上述方式履行了義務，請答應我們，你會履行你的部分。請對自己許下承諾，保證你會做到這點，如此一來，這世界不僅會更賞心悅目，也會因為有了你這位風格男子，變得更加有型！

MÉMO

買之前想一想

① 你真的需要這件衣物嗎？

② 你有足夠預算購買這件衣物嗎？還是有其他必須優先支出的項目？

③ 你想買的品項是否達到應有的品質？

④ 這件服裝的質料是否優良，做工是否精細？

⑤ 嚴格檢驗以上所有條件，不可以放水！

T恤

① 領口要寬。

② 肩線要切齊肩膀邊緣。

③ 正面略微貼合胸肌，才不會有太多皺褶。

④ 袖口位於二頭肌處，不可長至手肘。

⑤ 下腰部不宜太貼身，也不可過於鬆垮。

⑥ 長度及於腰帶位置下方，但不可遮住臀部。

襯衫

① 正式款襯衫的衣領必須硬挺。

② 肩線與肩膀邊緣切齊。

③ 胸部的剪裁要合身但不可過緊，釦子扣上時不要有繃緊感。

④ 下腰部及腋下不可有多餘布料。

⑤ 襯衫底部與身體之間只能容納一個拳頭。

⑥ 袖口介於手背和腕骨之間。

西裝外套

① 肩部與袖子接合處俐落有型。

② 鈕釦扣上時略有緊繃感，衣服產生些許放射狀皺褶。

③ 鈕釦扣上後，外套裡側與腹部之間只能容納一個拳頭。

④ 腰身剪裁能夠大致顯現下腰部的線條，但不能緊貼。

⑤ 手臂向前伸時袖口位於腕骨位置。

⑥ 襯衫領子與外套領子之間沒有空隙。

⑦ 襯衫領子須適度高出外套，包括後頸部。

⑧ 背部及領口周圍盡可能沒有皺褶。

⑨ 翻領緊貼胸部，不會鬆動。

⑩ 長度大致到臀部中間，但也可略為改短。

輕便外套

① 肩部剪裁要合身，肩線切齊肩膀邊緣。

② 不一定要有腰身，但是要貼合身形，不可過寬或過窄。

③ 長度及於腰帶位置下方數公分。

注意：有些外套的袖口及下擺採用羅紋設計，走路時後側下擺容易跑到臀部以上。

皮帶

① 皮帶扣以簡單大方為原則。

② 依據不同場合需求（商務、休閒）選購不同風格的皮帶。

③ 皮革要美觀（質地均勻，粒面細緻規整）。

皮外套

① 肩部剪裁要合身，肩線與肩膀邊緣切齊。

② 如果是質地較細緻的皮革（如羔羊皮），最好選購稍微緊身的款式，因為皮革穿過以後會稍微鬆張。

③ 長度及於腰帶位置下方數公分，特殊款例外。

—— *皮革品質* ——

④ 皮革的紋理、色澤及質地都要均勻。

⑤ 粒面皮革表面應細緻緊密。

⑥ 表面平滑柔軟，不容易起皺。

風衣

① 肩部剪裁要合身，肩線與肩膀邊緣切齊。

② 不一定要有腰身，但是要符合身形。

③ 質料滑順，穿著時不扣上釦子也能形成美麗的垂墜效果。

④ 長度及於膝蓋上端為宜，可適度修改。

⑤ 袖子要能遮住手腕。

⑥ 重視機能：如果要在雨天穿著，應選擇防水材質。

皮鞋

① 簡單大方，不要有多餘裝飾，避免累贅。

② 鞋底要有車縫線，不要買黏貼式鞋底的款式。

③ 鞋底縫線做工整齊、規則。

④ 皮革平滑均勻，不易產生皺摺（可把鞋子折彎測試）。

⑤ 如果不確定尺碼是否合適，請試穿小一號的鞋子再決定。

長褲

① 要能把臀部裹出美好形狀，不可鬆垮，以免顯得邋遢。

② 兩腿之間不可有多餘布料。

③ 剪裁合身，不可過緊。

④ 長度：褲腳與鞋子接觸的地方只產生一道彎折。

── **材質** ──

⑤ 天然質料：夏季以棉質為主，冬季以毛料為主。

⑥ 棉布在穿著後會略為鬆張，毛料的鬆張程度則非常低。

牛仔褲

① 全新的牛仔褲鈕扣要有一點難扣上，手也有點難伸進口袋。

② 臀部要微微緊繃。

③ 褲頭剛好在下腰部的骨頭下方，低於一般褲款的腰帶位置約兩個手指寬。

④ 臀部、大腿、褲襠不可有多餘布料，以免鬆垮。

⑤ 大腿部分要貼合。

── **牛仔布品質** ──

⑥ 緯紗及縫線要規則，不宜有垂直條痕。

⑦ 選擇能呈現美好光澤的深色系。

⑧ 細節（鎖鏈車法、隱藏式鉚釘、補強布）做工講究，代表布料品質優良。

── **洗白／刷色？** ──

⑨ 外觀應力求自然。

設計款休閒鞋

① 設計以低調大方為宜，避免過度繁複的細節（試穿時留意是否影響舒適感及行走方便）。

② 顏色以簡單為宜：灰色，白色，米色，水藍色（鞋底顏色也應力求簡單）。

—— **品質** ——

③ 採用優良質料。

④ 盡可能選擇有車縫線的鞋底。

冬季大衣

① 肩部剪裁完美，肩線完全契合肩膀弧度。

② 適度貼合身形，不要太寬鬆，以免冷空氣竄入。

③ 試穿時底下要穿一件毛衣或外套，預留足夠空間。

④ 裡外口袋要有一定數目，領口剪裁應具有防寒效果。

⑤ 長度：風衣下擺位於膝蓋上方，卡班大衣底部下擺要能完全遮住臀部。

⑥ 袖口要能覆蓋手腕。

材質

⑦ 選擇羊毛質料以利保暖，合成質料不透氣，容易出汗（羊毛比例至少 70%）。

設計感連帽衣及針織衣

① 質料優美，造型簡潔俐落。

② 合身度以能夠展現身形優點為原則，避免過度緊身（請參考「T恤」）。

材質

③ 避免選擇合成質料。

④ 選擇能反射美麗光澤的深色系。

⑤ 不妨大膽嘗試獨特質料。

RESSOURCES

參考資料

筆者經常瀏覽的網站

Modissimo
www.modissimo.fr
探討男裝沿革的網站，深具參考價值。

Advel
www.advel.fr
這個網站內容相當廣泛，提供男士生活風格相關訊息。

Milanese Special Selection
www.milanesespecialselection.com
介紹義大利生活藝術與紡織工藝。

Redingote
www.redingote.fr
多人共同經營的網誌，提供許多品牌商品的測試心得。

Parisian Gentleman
parisiangentleman.fr
經典優雅男裝風格領域的指標網誌。內容有時偏技術性，不過都以教學分享為出發點。

For The Discerning Few
forthediscerningfew.com
也以探討經典優雅男裝風格為宗旨，並品鑑許多較不知名的品牌商品。

Stiff Collar
stiffcollar.wordpress.com
裁縫師 Julien Scavini 的網誌，介紹他的專業領域及訂製款男裝的製作方法。

So Dandy
www.sodandy.com
探索男裝時尚的風格符號，用許多插圖表現街頭穿搭並加以說明。

Les frères Jo'
les-freres-jo.blogspot.fr
展示校園風格的穿搭造型，搭配手法一流，是琢磨審美眼光的好地方。

Hype & Style
www.hypeandstyle.fr
提供最新時尚資訊，探討服裝風格及男裝潮流，以街頭流行文化為主。

Little Style Box
www.littlestylebox.com
提供最新時尚資訊，由 lException.com 的設計師群共同經營。

De jeunes gens modernes
www.dejeunesgensmodernes.com
生活藝術領域的絕佳網站，提供時尚、建築、設計、裝飾品等方面的最新資訊。

Couvre x Chefs
couvrexchefs.com
由兩位熱衷收集球帽的人士經營，主題包括音樂、攝影、建築等。

The Yers
www.the-yers.fr
為 Y 世代型男（但也不限於此）設計的門檻網站，內容幽默風趣，搭配許多好音樂。

Fubiz

www.fubiz.net

法國圖像設計與流行風潮的指標網站。

參考書目

除有特別標示，否則皆為法文書（原版或法譯
版）。

MARGERIE Géraldine、MARTY Olivier 合著
《風格外型百科辭典：年輕人的新科學》
（ _Dictionnaire du look : Une nouvelle science_
du jeune ），Robert Laffont 出版，2011 年
詳細說明各種風格造型，範圍涵蓋所有生活領
域：音樂、政治、調情等等。

FLUSSER Alan 著
〔英文〕**《型男穿著大全：精通永保時尚風格的**
藝術》（ _Dressing the Man: Mastering the Art of_
Permanent Fashion ），It Books 出版，2002 年
這本百科事典教你如何成為令人艷羨的風格型
男，在所有場合都能穿搭得體，但又不會成為
時尚奴隸。

JENKYN JONES Sue 著
《風格設計》（ _Le Stylisme_ ），Pyramyd 出版，
2011 年新版
深入探討設計師專業，並提供許多業內人士的
祕辛。

SHERWOOD James 著
《倫敦薩佛街：英國頂級訂製工藝》（ _Savile_
Row : Les maîtres tailleurs du sur-mesure

britannique ），L'Éditeur 出版，2010 年
這本書可說是對倫敦經典男裝時尚中心——薩
佛街的崇高禮讚，除了帶領讀者探索技藝深厚
的訂製工坊，也介紹歷來到此訂製服裝的名流
仕紳。

SIMS Josh 著
《永恆男士：男裝時尚經典作品及男人的理想衣
櫥》（ _L'Éternel masculin : Icônes de mode et_
vestiaire idéal ），La Martinière 出 版，2011
年
這本插圖精美豐富的男裝作品集內容包含歷年
男裝時尚中最受國際名流喜愛的雋永之作，從
詹姆士　狄恩的 T 恤到克拉克　蓋博的西裝，
無所不包。

WALKER Harriet 著
〔英文〕**《少就是多：時尚極簡主義》**（ _Less_
is more: Minimalism in Fashion ），
Merrell Publishers Ltd 出版，2011 年
這本圖文並茂的著作介紹極簡服裝風格的起源
及對當代時尚的影響。

ADRESSES

服飾店推薦

巴黎

—— 西裝方面 ——

依價位（由低至高）推薦瑪黑區五家好店

DANYBERD
地址：15 rue des Filles-du-Calvaire
價格實惠，如果你的襯衫需求量大，可以來這
裡選購高性價比的襯衫。

COS
地址：4 rue des Rosiers
西裝還算不錯，但襯衫做得更好。

SURFACE TO AIR
地址：108 rue Vieille-du-Temple
西裝設計風格比較時尚，剪裁很有現代感。

LY ADAMS
地址：11 rue Vieille-du-Temple
以頂級技術製作正統剪裁的義大利西裝，部分
款式採用令人驚豔的彩色面料。

MELINDAGLOSS
地址：42 rue de Saintonge
這裡的西裝剪裁深具現代感，技藝無懈可擊。

—— 瑪黑區男裝採購小指南 ——

L'ÉCLAIREUR
地址：12 rue Mahler
設計及質感令人讚嘆，價格則令人望而生畏。
不過即使不買，也值得專程前去一窺堂奧，滿
足時尚好奇心。

COS
地址：4 rue des Rosiers
無所不包的好店。

LY ADAMS
地址：11 rue Vieille-du-Temple
包羅萬象的服裝，尤其是西裝、針織品、大衣
以及 The Unbranded Brand 的牛仔褲。

BOBBIES
地址：1 rue des Blancs-Manteaux
莫卡辛鞋及沙漠靴。

BOUTIQUE HOMME
地址：32 rue des Blancs-Manteaux
包羅萬象的服裝。

SURFACE TO AIR
地址：108 rue Vieille-du-Temple
大衣、皮製品、平針織品。

A.P.C.
地址：112 rue Vieille-du-Temple
牛仔褲及有袖服裝。

FRENCHTROTTERS
地址：128 rue Vieille-du-Temple
款式皆經過店家精心挑選，價格合理。

ROYAL CHEESE
地址：129 rue Vieille-du-Temple
鞋履。

ELEVATION STORE
地址：135 rue Vieille-du-Temple

款式眾多，設計走在潮流尖端。

FLORIAN DENICOURT
地址：24 rue Charlot
鞋履、配件。

DANYBERD
地址：15 rue des Filles-du-Calvaire
價格合理的襯衫及西裝。星期六公休。

MELINDAGLOSS
地址：42 rue de Saintonge
所有服裝皆具備絕佳品質，值得立刻前往採購。

—— **共和國廣場**（place de la République）**周邊** ——

AMERICAN APPAREL
地址：10 rue Beaurepaire
夏季T恤系列及奇諾褲特別值得選購。

RENSHEN
地址：22 rue Beaurepaire
精美的牛仔褲，卓越的工藝。

LA COMÉDIE HUMAINE
地址：6 rue des Guillemites
襯衫及大衣類特別值得參考。

CENTRE COMMERCIAL
地址：2 rue de Marseille
從平價到頂級商品都有，風格非常多元。

BALIBARIS
地址：14 rue de Marseille
款式琳瑯滿目，價格涵蓋所有等級。

CUISSE DE GRENOUILLE
地址：5 rue Froissat
有眾多款式可供選購。

巴黎以外地區

法國各地大城都有許多值得造訪多品牌服裝店

—— *AIX-EN-PROVENCE* 普羅旺斯艾克斯 ——

BLEECKER STREET
地址：1 rue Courteissade
風格：時尚感休閒
經銷品牌：Carven、Melindagloss、Golden Goose、Ally Capellino（Kenzo 及 Ami 即將加入商品陣容）

HESCHUNG
地址：7 rue de la Glacière
風格：時尚感休閒、都會
商品：鞋履。

NO VOID PLUS
地址：4 rue des Chaudronniers
風格：休閒、潮流
經銷品牌：A.P.C.、BGWH、Études、Edwin、Homecore、Our Legacy

ARMENAK 鞋履
地址：Place des Trois-Ormeaux
風格：考究、正式
經銷品牌：John Lobb、Church's、Crockett & Jones、Heschung、Santoni

ETYMOLOGY
地址：13 rue Laurent-Fauchier
風格：休閒、都會
經銷品牌：Closed、Acne、n.d.c.、Roberto Collina

—— *AVIGNON 亞維儂* ——

ACTUEL B
地址：1 rue Folco-de-Baroncelli
風格：時尚感休閒
經銷品牌：Melindagloss、Acne、Kitsuné、Lanvin、Martin Margiela、Carven、Edwin、Opening Ceremony、Sixpack

THE NEXT DOOR
地址：5 rue Folco-de-Baroncelli
風格：時尚感休閒、都會
經銷品牌：A.P.C.、AMI、Bleu de Paname、BWGH、Homecore

—— *BESANÇON 柏桑松* ——

OMNIBUS
地址：18 rue de la Bibliothèque
風格：時尚感休閒
經銷品牌：Melindagloss、Florian Denicourt、Roberto Collina

BONNIE & CLYDE
地址：102 Grande-Rue
風格：休閒、都會
經銷品牌：Edwin、American Vintage

—— *BORDEAUX 波爾多* ——

A.COPOLA
地址：61 cours Alsace-Lorraine
風格：時尚感休閒
經銷品牌：Melindagloss、Carven、Closed

GRADUATE

地址：63 rue du Pas-Saint-Georges
風格：都會、時尚感休閒、帥氣
主要經銷品牌：A.P.C.、AMI、Commune de Paris、Filippa K、Études、Naked & Famous

CASE DÉPART
地址：16 rue du Temple
風格：都會、時尚感休閒
主要經銷品牌：Iro、Melindagloss

RAYON FRAIS
地址：33 rue Saint-James
風格：都會、時尚感休閒
主要經銷品牌：Bleu de Paname、BWGH、Levi's Made & Crafted

MONSIEUR.MADAME
地址：26 rue Condillac
風格：都會
經銷品牌：Acne、Surface to Air

N.D.E. Limited
地址：5 rue de Grassi
風格：時尚感休閒
經銷品牌：Closed、Melindagloss、CP Company、Filippa K

—— *CLERMONT-FERRAND 克勒芒斐隆* ——

INSIDE URBAN
地址：15 rue Massillon
風格：休閒、都會
經銷品牌：A.P.C.、Edwin、Nudie、BGWH、Études

—— *GRENOBLE 格勒諾柏* ——

MAGARDEROBE
地址：7 rue Jay
風格：休閒、運動
經銷品牌：A.P.C.、Edwin、BGWH、Études、Opening Ceremony、Bleu de Paname

L'HACIENDA
地址：9 rue de Sault
風格：休閒、運動
經銷品牌：A.P.C.、Nudie Jeans、American Apparel

—— *LA ROCHELLE 拉羅雪爾* ——

MIX & TENDANCE
地址：29 rue Saint-Nicolas
風格：時尚感休閒、運動
經銷品牌：Bérangère Claire、Farah Vintage、Kulte

LAZZARA
地址：18 rue Passage-du-Minage
風格：休閒、都會
經銷品牌：Acne、Wooyoungmi、Surface to Air、Filippa K、Golden Goose

—— *LILLE 里爾* ——

SÉRIE III NOIRE
地址：39 rue Basse
風格：時尚感休閒、都會
經銷品牌：Acne Studios、Rick Owens、Boris Bidjan Saberi、Backlash、Dior Homme、Isaac Sellam、Y Project、Premiata、Marsèll、Kris Van Assche

CULTURE DENIM
地址：4 rue des Trois-Mollettes
風格：休閒、都會
經銷品牌：Bleu de Paname、Edwin、BGWH、Norse Projects、Levi's Made & Crafted、Herschel

THE ROOM
地址：22 rue Masurel
風格：時尚感休閒、都會
經銷品牌：Filippa K、Meilleur Ami、Suit、April77 American Selvedge

MICHEL RUC
地址：28 rue Basse
風格：時尚感休閒、都會
經銷品牌：Wooyoungmi、Santoni、Canada Goose、Church's、Closed、Notify、Neil Barrett

—— *LIMOGES 里摩日* ——

LD SPORT & STYLE
地址：28 rue du Temple
風格：休閒、都會
Marque：Bold Boy

TENDANCE
地址：23 rue Élie-Berthet
風格：時尚感休閒。
經銷品牌：Melindagloss、Nudie、Memento Clothing

—— *LYON 里昂* ——

LE DIXIÈME ARRONDISSEMENT
地址：13 rue des Augustins – 里昂 1 區
風格：都會、時尚感休閒
經銷品牌：A.P.C.、Études、Surface to Air、Acne、Opening Ceremony、Commune de Paris

SUMMER
地址：1 place Gailleton – 里昂 2 區
風格：休閒、運動
經銷品牌：A.P.C.、Sandqvist、Levi's Made & Crafted、Mark McNairy

CAPSULE & ECO
地址：21 rue Gentil – 里昂 2 區
風格：時尚感休閒
經銷品牌：Melindagloss、Acne、Gaspard Yurkievich

ORIGEEN LYON
地址：28 rue Palais-Grillet – 里昂 2 區
風格：休閒、運動
經銷品牌：Olow、Twobrids、Misericordia、Knowledge Cotton Apparel

DOPE
地址：10 rue d'Algérie – 里昂 1 區
風格：休閒、運動
經銷品牌：Bleu de Paname、Nurse Project、Edwin

—— *MARSEILLE 馬賽* ——

COS
地址：Rue Francis-Davso – 馬賽 1 區
風格：時尚感休閒、運動
男士服裝及配件

CORE ZONE MARSEILLE
地址：8 rue Montgrand – 馬賽 6 區
風格：休閒、運動
經銷品牌：Edwin、Nudie、April77、Bleu de Paname、Homecore

KARLEENJO
地址：47 boulevard Édouard-Herriot – 馬賽 8 區
風格：時尚感休閒
經銷品牌：Filippa K、Bellerose

—— *METZ 麥茨* ——

TED
地址：20 rue Serpenoise
風格：時尚感休閒
經銷品牌：Lanvin、Scabal

EXCEPT 3DX
地址：20 rue des Jardins
風格：都會、休閒、運動
經銷品牌：Sixpack、Commune de Paris、

Bleu de Paname，以及一些限量系列品牌

—— *MONTPELLIER 蒙沛里耶* ——

PEOPLE'S RAG
地址：13 rue de l'argenterie
風格：時尚感休閒。
經銷品牌：A.P.C.、Acne、Edwin、Norse Projects、La Panoplie、Homecore、Bleu de Paname

HYPE GALLERY
地址：11 rue de l'Argenterie
風格：時尚感休閒、運動
經銷品牌：Naked & Famous、The Unbranded Brand、Olow、Farah、American Vintage

ALPH BOUTIQUE
地址：35 rue de l'Argenterie
風格：考究、正式
經銷品牌：Hollington、Montagut、Xacus

MAJESTIC
地址：22 rue de la Loge
風格：都會、工作服風格、休閒
經銷品牌：Edwin、Red Wing Shoes、April77、Balibaris、Selected

—— *NANCY 南錫* ——

ESPACE WEEKEND
地址：20 rue des Dominicains
風格：休閒、都會
經銷品牌：Canada Goose、Edwin、Wrangler

—— *NANTES 南特* ——

BATT & BLOU
地址：20 rue Jean-Jaurès
風格：時尚感休閒、潮流
經銷品牌：Melindagloss、Closed、Filippa K

LA STATION
地址：21 rue Crébillon
風格：都會、時尚感休閒
經銷品牌：Bob Carpenter、Canada Goose、
Penfield

OKKO LINE
地址：2 rue Haute-Casserie
風格：都會、時尚感休閒。
經銷品牌：Edwin、Nudie Jeans、Bill
Tornade、Tim Bargeot

—— *NICE 尼斯* ——

ABAKA
地址：6 rue de France
風格：休閒、運動
經銷品牌：Études、Norse Projects、Bleu de
Paname、Edwin

ANTIC BOUTIK
地址：19 rue de la Préfecture
風格：時尚感休閒
經銷品牌：Melindagloss、A.P.C.、Kitsuné、
Surface to Air、Commune de Paris、Opening
Ceremony

IMPACT
地址：15 Rue de Lépante
風格：時尚感休閒、運動
經銷品牌：Balibaris、National Standard、
Sixpack France、Nudies Jeans、Homecore

—— *ORLÉANS 奧爾良* ——

LE NOUVEAU MAGASIN
地址：318 rue de Bourgogne
風格：休閒、都會
經銷品牌：A.P.C.、Edwin、Nudie、Levi's
Vintage

RÉVOLTE
地址：11 place de la République
風格：時尚感休閒
經銷品牌：National Standard、Marchand
Drapier

—— *PERPIGNAN 沛比尼昂* ——

L'ÉTAGE
地址：9 place Jean-Jaurès
風格：休閒、都會
經銷品牌：Suit、Homecore

—— *RENNES 勒恩* ——

LE BOUCLARD
地址：2 rue Rallier-du-Baty
風格：時尚感休閒、運動
經銷品牌：A.P.C.、Homecore、Commune de
Paris、Surface to Air、Melindagloss、Bleu de
Chauffe

REFORME
地址：11 place du Parlement
風格：休閒、都會
經銷品牌：BGWH、Bleu de Paname、Levi's
Man & Crafted、Norse Projects

DE PIED EN CAP
地址：12 rue du Chapitre
風格：時尚感休閒
經銷品牌：Bill Tornade、U.ni.ty、Heshung、
n.d.c.、Patrizia Pepe

—— *ROUEN 盧昂* ——

HORS-SÉRIE
地址：30 allée Eugène-Delacroix
風格：時尚感休閒、都會
經銷品牌：Melindagloss、Acne、Notify、
Commune de Paris

MANFIELD 鞋履
地址：83 rue Saint-Nicolas
風格：正式、都會
經銷品牌：Heschung、Atelier Voisin、Officine Creative、Church's

—— SAINT-ÉTIENNE 聖德田 ——

ANTHRACITE
地址：3 rue des Fossés
風格：時尚感休閒
經銷品牌：n.d.c.、Neil Barrett

INDIGO
地址：29 avenue de la Libération
風格：休閒、運動
經銷品牌：Dockers、Wrangler、Levi's、Levi's Vintage Clothing

—— STRASBOURG 史特拉斯堡 ——

LE NOUVEL ACCORD
地址：34 quai des Bateliers
風格：休閒、都會
經銷品牌：BGWH、Sixpack、Prim I Am、Norse Projects、Our Legacy、Levi's Made & Crafted

REVENGE HOM
地址：4 rue du Fossé-des-Tailleurs
風格：時尚感休閒、都會
經銷品牌：La Comédie Humaine、Carmina

—— TOULON 杜隆 ——

JOE ALLEN
地址：29 rue d'Alger
風格：休閒、運動
經銷品牌：Commune de Paris、Kitsuné、Common Projets、Woolrich、Bleu de Chauffe

BACKSTAGE
地址：7 rue d'Alger
風格：休閒、都會
經銷品牌：Edwin、April77、Faguo

—— TOULOUSE 杜魯斯 ——

MARCHAND DRAPIER
地址：13 rue Bouquières
風格：時尚感休閒
服裝及配件

L'OBSERVATOIRE
地址：4 rue des Arts
風格：時尚感休閒 「dark」
經銷品牌：Lanvin、Filippa K、CP Company、Canada Goose、Edwin、Givenchy

CARTOUCHE
地址：Place du Président-Thomas-Wilson
風格：時尚感休閒、運動
經銷品牌：Lanvin、Neil Barrett、Barbour、Acne

RICE AND BEANS
地址：18 rue Cujas
風格：休閒、都會
經銷品牌：S.N.S. Herning、Our Legacy、Norse Projects、Bérangère Claire、Bleu de Paname、Penfield、Opening Ceremony

SUN BELL STORE
地址：17 rue Cujas
風格：休閒、都會
經銷品牌：Edwin、Levi's vintage、Bellerose、La Panoplie

—— TOURS 圖爾 ——

LA SOURCE
地址：3 rue des Halles
風格：休閒、都會

經銷品牌：Canada Goose、Memento Clothing、Bill Tornade

MONSIEUR
地址：8 rue de Châteauneuf
風格：時尚感休閒、運動
經銷品牌：Commune de Paris、Filippa K、Homecore

比利時及瑞士

—— *Bruxelles* 布魯塞爾 ——

A.P.C.
地址：Rue Darwin, 61
風格：休閒、都會
男裝及配件

SMETS
地址：Chaussée-de-Louvain, 650-652
風格：時尚感休閒、都會
經銷品牌：Canada Goose、Carven、National Standard、Acne

HUNTING & COLLECTING
地址：Rue des Chartreux, 17
風格：時尚感休閒、都會。
經銷品牌：Common Projects、Bleu de Paname、Carven

—— *GENÈVE* 日內瓦 ——

LADRESS
地址：32 rue du 31-décembre – 1207
風格：時尚感休閒
經銷品牌：A.P.C.、Acne、NOTIFY Jeans、Worn By、Roberto Collina

L'ARSENAL
地址：31 rue Prévost-Martin – 1205
風格：時尚感休閒、都會

經銷品牌：Surface to Air、Roberto Collina、Suit、Maison Fabre、S.N.S. Herning。

GLOBUS
地址：Rue du Rhône 48 – 1204
風格：休閒、都會
經銷品牌：Notify、Nudies、Dockers。

PARADIGME
地址：2 rue de la Terrassière – 1207
風格：休閒、運動
經銷品牌：Closed、Our Legacy、YMC。

—— *LAUSANNE* 洛桑 ——

CAMILLE
地址：5 rue Caroline
風格：時尚感休閒
經銷品牌：Melindagloss、Dries Van Noten、Acne

網路商店

L'EXCEPTION
www.lexception.com
銷售許多法國年輕設計師的作品，性價比絕佳。

MENLOOK
www.menlook.com
款式及價格都非常多元，可謂網路上的穿搭風格超級賣場。不過部分款式很普通，選購時請多比較。

MICHEL RUC
www.michelruc.com
來自北法里爾市的網路商店。精選各式男裝及配件，部分款式價格偏高。

MONSIEUR T-SHIRT
www.monsieurtshirt.com

T恤設計精美多元，價格合理。

COS STORE
www.cosstores.com
H&M 集團旗下高級品牌的網路商店，襯衫、
鞋履、配件都不錯，價格也合理。

MR PORTER
www.mrporter.com
這個英文網路商店經銷許多知名國際品牌及設
計師的作品，可有效打造出優質男裝衣櫥。

TRÈS BIEN SHOP
tres-bien.com
精選國際設計師尖端作品。

OKI-NI
www.oki-ni.com
年輕設計師作品及一些知名度不高的優質品
牌。有許多個性強烈的獨特單品可供選購。

ÇA RESTE ENTRE NOUS
www.ca-reste-entre-nous.com
價格合理的年輕潮牌，款式豐富。

FRENCHTROTTERS
www.frenchtrotters.fr
這是巴黎 FrenchTrotters 服裝店的網路商店，
販售精心挑選的中階品牌款式，風格偏向素雅
簡約。

REMERCIEMENTS 銘謝

首先我們要感謝正在閱讀本書的你，因為有你，我們才有機會不斷成長。我們的一切成就都來自各位，你們不只是我們的讀者、客戶，也是合作夥伴、靈感和動力來源，更是我們的朋友。

無論你是透過網站、朋友介紹而認識我們，或在書店發現我們，我們都要感謝你的持續信賴，讓我們得以不斷提供更獨特的內容。我們從最初的時尚部落格起步，如今已經茁壯成一家朝氣蓬勃的小公司。我們積極創造工作機會、培養時尚新血，並盡最大努力以具體方式支持值得鼓勵的優秀品牌。

我們也要誠摯感謝本公司團隊的全體成員，我們以你們為榮：

* 弗洛里安：曾在好樣（BonneGueule）實習，後來正式加入團隊。他最早提出以實體書籍提供資訊的構想，換句話說，你能拿到手上這本書，要歸功於 Florian！

* 亞歷山大：嚴謹、認真地管理計畫，對街頭穿搭時尚瞭若指掌。

* 尼可拉：深具領導風範，在時尚領域品味超群，而且在所有困難時刻，他都能提供超乎預期的協助。

* 蘇菲：熱情、親切，總是為團隊帶來陽光。

我們也非常感謝所有與我們慷慨分享時尚與生活經驗的朋友：

* Régis Dajczman：我們的「雄性激素教練」，When I Was Seven7een 設計師（知名作品包括 Atamé 手環），業餘搖滾歌手。他對男裝風格的見解非常前衛，為我們帶來許多靈感及思考材料。

* Régis Pennel：網路商店 lexception.com 創辦人，親切和善、樂於助人，我們現在能享有良好辦公場所是他熱情襄贊的結果。當我們遭遇困境，他總是拔刀相助。我們也要感謝他的工作團隊日復一日、不厭其煩地提供支持與協助。

* Gilles Masson：Gilles M. 訂製西裝品牌創辦人。他圓融睿智、經驗豐富，透過franç-massonerie 工作坊為我們提供許多指導，他面對任何創意挑戰的反應與動力也讓我們刮目相看。

大力感謝所有支持、信任我們的品牌以及眾多設計師：Melinda Gloss、La Comédie Humaine、Marchand Drapier、Meilleur Ami、Jacques & Demeter、Renhsen、National Standard、Six & Sept、Cuisse de Grenouille、FrenchTrotters、Naked & Famous、Ly Adams 等。衷心祝福他們鴻圖大展，所向披靡。

誠摯感謝我們的幾位觀念導師 Jean-François Noubel 及 Éric Briones。Noubel 協助我們奠立時尚思維及工作倫理，Briones 則洞悉社會趨勢，為我們提供犀利的視野眼光。也非常感謝在我們創業的路途上點亮明燈的朋友們：Baptiste Guyot、Gilbert Von、Julien Finet。

最後要感謝我們的家人、伴侶和好友一直陪伴我們，讓我們能夠順利踏上精采的時尚旅途。我們何等榮幸，獲得這麼多溫暖、友情與愛。感謝你們指點迷津，感謝你們賜予我們力量。

CRÉDITS 相關人員 / 影像 / 商品出處

影像

© Rachel Saddedine：6、24–25（中上）、55、115、147（左下及右下）、150（上）、162 等頁
© Emmanuel Vivier：9 頁
© Chloé Gassian：13、23、27、45–49、63、89、99、109（左）、119、121（右）、141、145（右）、155、157、159、161 等頁
© Naked & Famous：61
© FrenchTrotters：69、83、85（上）等頁
© Melindagloss：73 頁（上）、139 頁（右側三幅）
© Studio Veja：77 頁
© éclectic：81 頁
© Rose Callahan：87 頁（右上圖）
© Andy Barnham：87 頁（右下圖）
© Duke and Dude：143 頁
© Nicolas Gabard：177 頁（左圖及右上圖）

除上列作品外，其餘影像版權皆為 BonneGueule 所有

風格設計

Yangzom Tsering：13、23、27、45–49、63、89、99、109（左）、119、121（右）、141、145（右）、155、157、159、161 等頁

模特兒

僅提供模特兒於本書中首次出場頁數資料

6 頁，左圖：Benoit Wojtenka
6 頁，右圖：Geoffrey Bruyère
9 頁：Éric Briones
15 頁：Carol Sossou（Hèdus 品牌共同創辦人）
16 頁：Yvan Valori（學生）
19 頁，右上圖：Benoit Carpentier（Marchand Drapier 品牌設計師）
19 頁，右下圖：Florian Deveaux（行銷專案主管）
21 頁：Nicolas Richard（網路企業家）
27 頁：Adrien Penso（Paris Atelier IX 共同創辦人）
33 頁：Vianney Postic（繪圖師）
35 頁，右圖：Hugo Jacomet（記者，ParisianGentleman.com 創辦人）
36 頁：Abdou Bouroubi（網站設計主管）
39 頁：Georges Cohen（RepairJeans.com 服裝修改師）
45 頁：Jeff Lastennet（運動治療師）
61 頁，左圖：Brandon Svarc（Naked & Famous 品牌創辦人）
右圖：Bahzad Trinos（Naked & Famous 業務主管）
64 頁：Alexandre Franza（商品主管）

67 頁：Vincent（新科技顧問）
85 頁，上圖：Clarent 及 Carole Dehlouz（FrenchTrotters 品牌創辦人）
90 頁：Régis Pennel（Lexception.com 設計師網路商店創辦人）
97 頁：Régis Djaczmann（When I Was Seven7een 品牌創辦人）
99 頁：Elliot Gustin（學生）
101 頁：Laurent Ren（資訊科技顧問）
105 頁：Pierre Grenier（管理顧問）
111 頁：Satya Oblet（模特兒）
113 頁，下圖：Georges Som（Hèdus 網路商店共同創辦人）
120 頁：Nicolas Maubert（學生）
139 頁：Mathieu de Ménonville（Melindagloss 品牌共同創辦人）
143 頁：Duke and Dude 男裝模特兒
145 頁，右圖：Farez Brami（模特兒）
147 頁，右上圖：Thavikham Souphrasavath（商學系學生）
150 頁，左下圖：Vincent-Louis Voinchet（La Comédie Humaine 品牌創辦人）
155 頁：Yassine Rahal（模特兒）
158 頁，左圖：Julien Ulrich（企業家）
158 頁，右圖：Laurent Cardon（資訊系學生）
160 頁：Luca Mariapragassam（商學系學生）
165 頁：Damien Cochot（時尚界業務人員）
166 頁：Samy Senhadji（商學系學生）
170 頁，左圖：Gilles Masson（Gilles M 創辦人）
171 頁：Nicolas Gabard（Husbands 品牌創辦人）

品牌

6 頁：Melindagloss 襯衫，Melindagloss x BonneGueule MGBG-01 款西裝外套（貝諾瓦穿著），Monoprix 襯衫及 T 恤（傑奧菲穿著）
13 頁：Centre Commercial 鞋油及鞋刷，Commune de Paris 襯衫，Maison Labiche T 恤，Church's 皮鞋
15 頁：Hèdus 襯衫及奇諾褲，PANIQ 休閒鞋，House of Vice 手環
16 頁：Melindagloss 毛衣，Bill Tornade 風衣，Nudie 牛仔褲，All Saints 皮鞋
17 頁：Saint-Paul 西裝外套
19 頁，左上圖：Husbands 西裝外套及領帶，BonneGueule x Marchand Drapier 襯衫
右上圖：Marchand Drapier 全套穿搭
左下圖：BonneGueule x Marchand Drapier 襯衫，Monoprix T 恤
右下圖：BonneGueule x Marchand Drapier 襯衫，Melindagloss 夾克
21 頁：H&M 水兵衫，於泰國購買的長褲，義大利軍隊經典款休閒鞋
23 頁：La Comédie Humaine 襯衫，AMI 外套，FrenchTrotters 牛仔褲，Centre Commercial 皮鞋
24 - 25（由左至右）
上 1：Melindagloss 大衣

場所

給台灣讀者的參考資料 文 / 大家出版編輯部、好樣男子穿搭造型諮詢網站

由於書中部分品牌商品在台灣購買不易，作者特地與大家出版編輯部共同整理出針對台灣男裝市場的購買指南與參考資料。書中多次推薦的 Melindagloss、COS 與 Wooyoungmi 目前在台灣仍無代理，可考慮 Beams 或 Uniqlo 的類似品項代替，其餘則按服裝項目列出如下：

服飾購買建議：

── 襯衫 ──

中低價位

可依休閒或商務需求選擇不同的襯衫。Uniqlo 的休閒和商務襯衫價格便宜，款式多屬基本，而 Zara 的襯衫則流行感較強，休閒襯衫常有風格強烈顯眼的印花。Topman 也是很好的選擇。

高價位

商務襯衫可考慮 Façonnable 或 Brook Brothers。休閒襯衫則建議選擇 Agnes b. 與 Norse Projects。

── 西裝外套 ──

中低價位

在 Zara 可找到版型較窄、較合身的正裝及休閒西裝外套，價格約在台幣三千至六千之間，依布料材質有不同價位。尺寸約從歐規 44 號（約等於 XS）或 46 號（約等於 S）起跳，選購時須需特別注意亞洲人袖長問題。中價位則可考慮 Topman。

中高價位

可依休閒或商務需求，參考各大型百貨公司男裝樓層的國際精品品牌，如：契合亞洲人身型的 Agnes b.、Comme Ça Du Mode 等品牌的休閒西裝外套，或 Gieves & Hawkes、D'urban、United Arrows 等品牌的正式西服。

── 大衣 ──

中低價位

Zara 秋冬季會推出各種材質及款式的大衣，價位從三千至八千不等，依材質而定。亞洲人身型建議可選購略帶軍裝風格的款式，較顯英挺。

高價位

若預算充裕，可考慮入手最經典款的 Burberry Prorsum 或 Norse Projects 的風衣。

── 毛衣、開襟毛衣 ──

中低價位

Uniqlo 的素色毛衣顏色多樣，搭配性強，選購時可依個人喜好選擇圓領或 V 領。此品牌毛衣依毛料成分比及細緻度區分價位，從棉毛混紡到純喀什米爾羊毛，價差可近四千元。

高價位

可考慮來自英國皇室御用、百年針織衫品牌 John Smedley，或 Beams 和 Beauty & Youth。

── 外套 ──

中低價位

Zara 或 Uniqlo 秋冬都有多種不同樣式的外套可供選擇。

高價位

預算較充裕的讀者，可選擇 Undercover、Monitaly 或採用高科技布料的 Stone Island，也可選擇 White Mountaineering、Nigel Cabourn。

── 皮外套 ──

男性皮外套通常價格較高，多在萬元以上；首購者可考慮選擇各品牌的騎士外套款式，如 Tough Jeans 或 Agnes b. 的皮外套。

── 牛仔褲 ──

中低價位

Gap 的款式眾多，Uniqlo 的牛仔褲顏色多樣，Naked & Famous 也是不錯的選擇。

中高價位

法國的 A.P.C. 和義大利的 Diesel，以及設計師牛仔褲，也可考慮 Momotaro、Japan Blue 等高端品牌。

—— 皮鞋 ——

中價位

此價格帶品牌眾多，風格殊異，例如 Cable&Co. 較為正式、加拿大品牌 Aldo 則較具流行感。建議可至大型百貨公司男鞋部門選購。台灣自創品牌則有 Vanger、O'Ringo 林果良品、Sweet Villians、Gider 等可參考。

高價位

預算較充裕的讀者可以考慮 Alden、Red Wing、Mark McNairy、Common Projects 等品牌

推薦書刊、網站：

—— 書刊 ——

- **男仕精品西裝混搭** / 中村達也 著 / 三悦文化 / ISBN：9789866180903
- **男仕精品鞋子** / 中村達也 著 / 三悦文化 / ISBN：9789865959043
- **男仕精品配件** / 中村達也 著 / 三悦文化 /ISBN：9789866180781

  從經典單品介紹到搭配實例，這三本由日本 BEAMS 創意總監所著的專書，提供了不少實用的男性服裝知識及資訊。

- **You're so French Men！紳士的風格：從衣著到生活的優雅時尚學** / 斐德希克・維塞，伊莎貝・多瑪 著 / 積木出版 / ISBN：9789865865948

  解析法國男性穿搭風格，個性與優雅兼具。

—— 雜誌 ——

國內雜誌

- **GQ 雜誌** 風格成熟、介紹多為國際精品
- **Milk 雜誌** 偏重街頭、運動、潮牌風格

海外・日本雜誌

- **Safari 月刊**
  每期以一位好萊塢男星的穿著為例，提供實穿搭配範例，風格休閒，適合 35 歲以下。
- **Oceans 月刊，Leon 月刊，UOMO 月刊**
  介紹的穿搭衣飾較為高端，風格為穩重中帶有休閒感，適合 35 歲以上。

海外・歐美雜誌

- **L'UOMO VOGUE 月刊**
- **L'OFFICIEL HOMMES 季刊**
  兩本皆為歐洲老牌男裝主流雜誌，反映當季潮流走向。

- **Monocle 月刊**
  雖然是一本時事新聞性雜誌，但當中由日籍服裝編輯所做服裝單品挑選及配色，頗為實用，值得參考。

—— 網站 ——

- **The Sartorialist**
  http://www.thesartorialist.com/
  知名街拍部落格，照片中的路人穿搭是不錯的參考指南。

- **Fucking Young**
  http://fuckingyoung.es/
  提供大量男性時尚品牌形象穿搭照片，及時裝周秀場照片。

- **The Gentleman Blogger**
  http://www.thegentlemanblogger.com/
  知名男裝時尚部落客 Matthew Zorpas 的個人日常穿搭，風格成熟。

—— 購物網站 ——

海外

- **Mr. Porter**
  http://www.mrporter.com
  以國際時尚精品品牌為主，服裝風格較成熟，價格較高，換季時會有五至七折扣。

- **ASOS**
  http://www.asos.com
  英國服飾購物網站，滿額可免費寄送台灣。匯集歐洲平價品牌及 ASOS 自有品牌，除服裝外，亦有鞋履、背包、飾品等配件可選購。不定時會有五折至七折特惠。

- **Urban Outfitter**
  http://www.urbanoutfitters.com
  風格年輕、以戶外、街頭服裝為主。

台灣

- **Plain-me**
  https://www.plain-me.com/
  除自創品牌男裝外，亦有代理英、日、美、韓、香港等地區的獨特品牌男裝及配件。

- **lativ**
  http://www.lativ.com.tw/
  台灣品牌，提供平價基本款服飾。